农家创业致富丛书

粮油产品加工新技术与营销

主　编　施能浦

副主编　胡七金　黄　河

编著者　江谢繁　李昭萍

金盾出版社

内 容 提 要

本书汇集了传统和现代粮油加工技术,所列的加工产品近百种,并介绍了农民投资创办粮油加工企业的方法和促使企业健康发展的先进理念。主要内容包括:概述,稻谷和米制品加工技术,地瓜干加工新技术,小麦和面制品加工技术,大豆加工技术,玉米加工技术,淀粉加工技术,植物蛋白加工技术,植物油脂制取、精炼和深加工技术,粮油加工产品的营销等。

本书具有可读性、实用性和可操作性等特点,适于农村创办粮油产品加工企业的农民朋友和相关农业科技人员阅读,也可作为职专技能培训教材,对于农林、轻工院校相关专业师生和科研人员亦有参考价值

图书在版编目(CIP)数据

粮油产品加工新技术与营销/施能浦主编 . -- 北京:金盾出版社,2011.4

(农家创业致富丛书/施能浦,丁湖广主编)

ISBN 978-7-5082-6826-2

Ⅰ.①粮… Ⅱ.①施… Ⅲ.①粮食加工 ②食用油—油料加工 ③粮食—市场营销学 ④食用油—市场营销学 Ⅳ.①TS210.4 ②TS224 ③F762

中国版本图书馆 CIP 数据核字(2011)第 019514 号

金盾出版社出版、总发行

北京太平路 5 号(地铁万寿路站往南)

邮政编码:100036 电话:68214039 83219215

传真:68276683 网址:www.jdcbs.cn

封面印刷:北京画中画印刷有限公司

正文印刷:北京万博城印刷有限公司

装订:北京万博城印刷有限公司

各地新华书店经销

开本:850×1168 1/32 印张:8.25 字数:205 千字

2012 年 7 月第 1 版第 4 次印刷

印数:33 001~48 000 册 定价:17.00 元

(凡购买金盾出版社的图书,如有缺页、倒页、脱页者,本社发行部负责调换)

农家创业致富丛书编委会

主　　任　　陈绍军

副 主 任　　罗凤来

丛书主编　　施能浦　　丁湖广

编委会成员（按姓名汉语拼音排列）

陈夏娇　　黄林生　　彭　彪　　邱澄宇

杨廷位　　郑乃辉　　郑忠钦

组编单位　　福建省农产品加工推广总站

序

　　近年来,在《中共中央国务院关于推进社会主义新农村建设的若干意见》(中发[2006]1号)的文件精神指导下,国家有关部门针对农产品加工制定了多个具有指导意义的文件,如国务院办公厅《关于促进农产品加工业发展的意见》(国办[2006]62号),以及农业部《农产品加工推进方案》(农企发[2004]4号)等。随着改革开放的不断深入,我国农产品加工业发展迅速,加工企业不断壮大,生产逐步走向规范化和现代化;农产品加工品种不断增多,产品质量也进一步提升,国内市场日趋旺盛,国际市场也在逐步拓宽,形势喜人。

　　农产品加工业一端连接着原材料生产者即广大的农民,另一端连接着千家万户的消费者,是生产、加工、销售产业链的重要环节。世界上许多发达国家把农产品产后储藏和加工工程放在农业的首位,加工产值是农业产值的3倍,而我国加工产值还低于农业产值。全球经济一体化和我国加入世贸组织给农产品生产与加工带来了新的发展机遇。目前,我国已成为世界农产品加工的最大出口国之一。

　　我国地大物博,农产品资源丰富,但是,每年到了农产品的收获季节,大量鲜品涌向市场,供大于求,致使农产品价格下跌,挫伤了农民的生产积极性。加工的滞后已成为"三农"关注的焦点问题。发展农产品加工业,提高农产品附加值,对于增加农民收入、促进农业产业化经营、加速社会主义新农村建设、落实 2009 年中央 1 号文件中的"稳农、稳粮,强基础,重民生",已成为当前新农村建设的一项重要任务。

　　编撰这套农家创业致富丛书的目的,就是为了更好地服务于已从事农产品加工业,或想从事农产品加工业的广大农民。参加编写的作者都是有着扎实的理论基础和长期实践经验的资深专家、学者,他们以满腔热情、认真负责、精益求精的态度进行撰写,现已如期完成,付之出版。整套丛书内容涵盖面广,涉及粮油、蔬菜、畜禽、水产、果品、食用菌、茶叶、中草药、林副产品加工新技术与营销,共计 9 册,每册 15 万～20 万字。丛书内容表述深入浅出,语言通俗易懂,适合广大农民及有关人员阅读和应用。相信这套丛书的出版发行,必将为农家创业致富开辟新的路径,并对我国农产品加工新技术的推广应用和社会主义新农村建设的健康发展起到积极的指导作用。本丛书内容丰富,广大农民朋友和相关业者可因地制宜、择需学用,广开创业致富门路,加速实现小康!

农工党中央常委、福建省委员会主委

政协第十一届全国委员会常委

福建省农业厅厅长

中国食品科技学会常务理事

国家保健食品终审评委

教育部(农业)食品与营养学科教育指导委员会委员

前　言

　　水稻、小麦、玉米、甘薯等粮食作物及加工产品,花生、大豆、油菜等油料作物及加工产品,是人们日常所需的主要食品。随着社会的进步、科技水平的提高,以及人们膳食结构的改变,粮油作物原始产品的深度加工和综合开发利用,提高产品附加值,对于新农村建设和农业的发展,越来越凸现其重要性和紧迫性。把生产、加工与市场结合起来,是农民创业致富的重要途径之一。

　　粮油作物只有加工才能增值。例如,将稻谷加工成大米,或加工成蒸谷米、免淘米、营养强化米、水磨米、留胚米,用大米还可以生产米粉、酒精、酿制米酒,米糠又可以提取米糠油、制备糠腊、谷维素、谷甾醇、植酸钙等。稻谷几经深度加工,商品价值可成倍至几倍提升。又如,历来作为粗粮又不耐贮运的甘薯,除加工淀粉、制备酒精等外,如果深加工成各种各样的地瓜干,并且运用新工艺、新技术,使产品成为低硫、低糖、低菌、"高"水分的绿色食品,不仅在国内畅销,还可出口,价值连城。再如,大豆是含蛋白质最高的作物之一,利用这种高蛋白质特性,经变性,可以生产豆腐、腐竹、豆乳、豆乳粉、豆浆晶等各种豆制品;还可以榨制大豆油,运用新技术生产大豆低聚糖、异黄酮、皂苷、核黄素等。

　　我国农产品加工业相对落后。发达国家农业产值与食品加工业产值之比为1∶3,其中,美国为1∶5,而我国仅为1∶0.5(福建2006年为1∶1.8)。如果以我国2006年农业总产值 2.1 万亿元测算,将农业总产值与食品加工业产值的比值提高到发达国家的平均水平,那么,两者的产值将达到 8.4 万亿元,为原来农业产值的 4 倍。可见,食品加工业对促进国民经济发展至关重要。

近年来,基因工程的研发风靡世界,采用基因技术制造的新型农产品相继问世。例如,将功能基因导入粮油作物,生产功能药物或食品;将人体血清蛋白基因导入玉米、大豆,用来生产异蛋白抗体,可以治疗癌症等;将禽流感病毒抗原基因导入马铃薯已获得成功,可以用其生产口服禽流感疫苗;已育成一种含抗胰蛋白酶的转基因工程水稻,将其提炼出来,对肝脏出血和肺气肿具有特效;已育成一种转基因玉米,内含有聚-β 羟丁酸(PHB)高分子,可代替石油制成塑料,这种塑料在 6～9 个月内可以降解,无公害;已育成一种转基因油菜,菜油中含有 40% 的月桂酸,可直接用其生产肥皂和洗涤剂。未来粮油产品的精深加工,将借助于新兴技术的推动,得到更迅速的发展。

本书汇集了传统的和现代的粮油加工技术,剖析了典型案例,并在实践的基础上整理而成。书中参考、引用了专家的论著、论文和经验总结等资料,谨致以诚挚的谢意。

由于作者水平有限,加之编写时间仓促,书中难免有疏漏不足之处,敬请读者批评指正。

作 者

目录

第一章 概　述

第一节　粮油产品加工的重要意义

一、保证市场需求,提高农产品的附加值

我国是人口大国,也是粮油生产大国和消费大国,粮食和油料是人们赖以生存的基本食物来源。中国人饮食中大约有90%的热能和80%的蛋白质由粮食提供;食用油也大部分来自植物油料。粮油加工业是从农业派生出来的工业,既是粮油再生产过程中的重要环节,又是粮油产业链的重要组成部分,也是食品工业的基础行业,对维护国家粮食安全、满足消费需求、丰富市场供应、提高城乡居民生活质量等具有重要作用。

谷物、油料通过加工,转化成满足人们一日三餐的主食和成千上万种的副食品。粮油加工业将粮油生产、流通、消费联系起来,同时将市场的信息反馈给农民,促使农民依据市场需求调整种植结构,改良品种,提高栽培技术,实现基地化、专业化种植,从而科学、合理地开发利用农业资源,提高农产品的附加值和经济效益,增加收入。

二、粮油加工原料来源丰富

我国是粮油生产大国,粮食总产量居世界首位。主要粮食加工原料有稻谷、小麦、玉米和甘薯等;主要油料加工原料有花生、

油菜子和大豆等。

(1)稻谷加工原料 我国稻谷播种面积为 2929.48 万公顷，分布地域广，以南方 13 省（市、区）为主产区，遍及海南岛、黑龙江、新疆。其中，长江流域水稻面积占全国的 65％以上，特点是新区发展较快，呈现"北米南调"加工的新局面；稻谷单产大幅度提高，改革开放以来增长 4.4 倍；优质水稻产量已占水稻总产量的 72.3％。许多有地方特色的传统水稻品种得到保护，有的已获得国家地理标志产品认证。

(2)小麦加工原料 我国小麦播种面积为 2296.16 万公顷，其中 75％集中在黄淮海流域。优质小麦产量已占小麦总产量的 61.6％，质量和数量均可代替进口优质小麦，满足面粉加工业的需要。我国有 60％人口以小麦为基本口粮，加工的潜力非常大。

(3)玉米加工原料 我国玉米播种面积为 2697.08 万公顷，主要分布在东北三省和冀鲁豫地区，约占全国玉米产量的 55％；河西走廊、广西、云贵川等地区，也有较大种植面积。玉米是北方地区的基本口粮，也是"饲料大王"，还可加工酒精，提炼玉米油等。

(4)甘薯加工原料 我国种植面积为 491.32 万公顷，面积和总产量均居世界首位。甘薯富含多种营养，除鲜食外，由于不耐贮运，必须经切片（条）晒干初加工，但更主要的是深加工成各类"健康食品"、"休闲食品"。

(5)花生加工原料 我国花生种植面积为 457.06 万公顷，主要分布在河南、河北、辽宁、吉林、山东、江苏、安徽、江西、福建、四川、两湖、两广等地。花生是"油料大王"，除提炼花生油外，还可以制取高蛋白的花生饼等。

(6)油菜子加工原料 我国油菜植面积为 688.79 公顷，主要分布在长江流域一带，南方诸省也有一定种植面积。菜油是北方人的主要食用油。

(7)大豆加工原料 我国大豆种植面积为 928.01 万公顷，主要分布在东北诸省,内蒙古、河南、河北、山东、山西、安徽等省也有较大面积种植。大豆是提取植物蛋白和大豆油的重要原料。

三、产业发展促进科技进步

改革开放以来,粮油加工业发生了巨大变化,民营粮油加工企业占全国粮油加工企业的近90%,已成为名副其实的粮油加工业主体。这些民营企业的兴起有力地促进了科技进步,粮油加工业已经进入了一个新的发展时期。

(1)形成了一批具有先进设备的大中型加工企业

①已从国外引进先进的小麦制粉生产线200多条,使我国的制粉技术提高到一个新的水平,研究制定了多种专用粉标准,大大缩小了与世界发达国家的差距。

②碾米工业除积极引进国外先进设备外,还自行研发了达到国际先进水平的免淘米、营养米生产技术,以及相应的大米抛光机、色选机等高科技设备在大中型企业中应用。

③方便面生产在引进国外先进技术的基础上,积极研制国产化设备,现已拥有3000多条方便面生产线,年产120亿包方便面,成为世界上生产方便面的第一大国。

④油料加工完成了制油工艺方法的更新和技术改造,溶剂萃取法已基本上取代了传统的压榨法,已经普及了精炼油加工技术。

⑤淀粉工业已进入快速发展阶段,年生产量增长率在14%以上。淀粉生产引进了国际上先进的生产设备,并进行消化、吸收,研制出了具有较高水平的国产设备,淀粉生产工艺技术水平已接近或达到国际先进水平,正进一步向大规模、高水平方向发展。

(2)高新技术得到应用和发展　高新技术、计算机技术、生物工程和现代化管理模式的应用,推动了粮油工业的进一步发展。粮油加工重心已向多种类、多品种的精加工、深加工转移,并向其他行业延伸。

①面粉工业已普遍通过配麦和配粉技术实现了专用粉的批量生产。以专用粉为主要原料,各种面制食品的质量有了明显改善。

②碾米工业从选用优质水稻品种入手,合理配置工艺,优质米、精洁米正以品牌的优势占领市场。

③加工淀粉糖、变性淀粉、发酵制品、酒精等深加工产品,以及转化产品产量正逐年增加。植物蛋白质产品生产和应用正悄然兴起。粮油方便食品和主食品的工业化生产发展迅速。

④产品结构得到进一步调整,花色品种日益丰富,质量和档次不断提高,包装不断改善,基本上满足了不同消费群体的需求。

⑤粮油机械制造水平有了长足发展,有些已达到和接近国际先进水平,不仅能满足国内粮油加工业的发展需要,同时还远销国外。

第二节　粮油资源优势转化
为产业优势的途径

从现代农业的发展趋势看,应将农业的"资源经济"转化为"产业经济",加入世界粮油加工业先进行列,赶超世界粮油加工业先进水平,而这种"转化"应以政府为先导,农民为主体来实现。

一、加强优势粮油产业布局和标准化原料基地的构建

制定优势产业发展规划是粮油加工业产业结构和产品结构优化的重要工作。为使粮油产业的结构和布局能够符合资源实际,发挥比较优势,突出发展特色,一定要规划先行。通过培育标准化原料基地,培植龙头企业,发展产业集群,建设加工示范基

地,把粮油产业体系做大做长,真正实现企业、科技、中介、农家的"四位一体",实现产业链式的构建。

二、加强创新体系和品牌的构建

应采用先进技术改造传统粮油加工产业,大力引进和开发粮油精深加工技术,组织力量对粮油加工关键技术、共性技术进行攻关,大力推广先进实用技术。要积极发展科工农贸一体化经营,打造自己企业的核心技术、主导产品的专利。通过品牌的打造,增强企业的生机和活力。金健牌系列精米、金龙鱼牌食用油等都是这方面的典型案例。

三、构建产业集群

在特定区域内,把某一核心产业或几种产业相互关联的企业及其支撑体系大量集聚在一定区域内,积极打造粮油加工产业集群和示范基地,充分发挥龙头企业的辐射和带动作用,提倡与支持产地加工,注重加工与原料的结合,上下游产品的衔接,就可以把产业化生产模式作为解决分散生产与集中加工矛盾的重要措施,形成"洼地"效应、合作效应、规模效应及共享效应。例如,福建省南安市官桥有个全国闻名的粮食城,占地60多公顷,入驻的粮油加工和营销的企业数百家,形成了集采购、运输、加工、营销,以及信息业、银行业等的大型产业集群,影响很大,效果很好。

四、构建产业循环链条

农户或企业兴办加工厂,要按照循环经济减量化、资源化、再利用的资源节约型生产模式、标准化生产方式、清洁生产经营理念,与农业和服务业深度融合,提高土地产出率、资源利用率和劳动生产率,粮油及其加工副产物综合开发利用,副产物可被"吃干榨尽",做到生产过程的"零排放"。

加快粮油加工业发展，除需企业自身努力外，还要多行业形成工作合力和政策集成，搭建服务平台，提高服务水平，在优质服务中落实发展措施，在加快发展中构建服务体系，共同推进粮油加工业持续快速发展。农户或企业要努力争取加入创业辅导融资担保、技术创新、市场信息、教育培训、交流合作等政府搭建的服务平台。

五、应用和推广粮油加工高新技术

要进一步研究和推广膜分离技术、超临界萃取技术、挤压膨化技术、微波技术、超微磨技术、无菌生产和包装技术，高压、光、电、气、磁效应和计算机控制技术等高新技术。要开展生物技术在粮油加工中的应用研究，通过基因工程、细胞工程、发酵工程、酶工程等途径，提高加工转化效率，以及综合利用率，特别是发展淀粉糖、变性淀粉、燃料酒精、低聚糖、氨基酸、抗生素等生产技术，提高粮油加工产品的附加值。要研究开发粮食与食品色、香、味及营养素保存的新工艺新技术。要在分子水平上研究食品稳定性、加工可能性，提高营养及感官质量。研究提高米、面、油的营养效价和改善膳食结构的实用技术，开发功能食品、方便食品、运动食品、婴儿食品、老年保健食品等。农户或企业要从事粮油加工业，一定要注意高起点，运用新技术，把握发展方向和重点。

1. 大米加工业

(1) 发展方向　大米加工要发展营养强化米、留胚米、发芽糙米、大米主食制品、米淀粉、米胚、米糠和稻壳深加工等产品。培育扶持一批具有较强竞争力的大米加工企业，提高大米加工工艺水平，研究开发大米深加工技术。

①巩固现有精制米生产，大力发展配制米、营养米和小包装米生产，包装上水平、上档次。推动副产品综合利用，逐步向食品等高附加值产业转化。

②提高大米食用安全性,加快优质大米品牌建设。

③按照区域特色,加快建立优质稻生产基地。结合各省优质稻米产业发展规划,重点选择一批大型大米生产企业实施相关政策扶持。

(2)发展重点

①推广稻谷低温烘干、糙米精选及调质、大米分级及配制等先进技术和使用立式双辊碾米机等设备。

②推广配米技术,生产配合大米、专用大米;开展对籼米、粳米、糯米的加工利用,扩大多品种米制食品(如米粉、米糕、汤圆、米饼、方便米饭、方便米粥、米制膨化休闲食品等)的工业化生产。

③继续推广利用稻壳发电、稻壳纤维压缩板材、高效活性炭产品等加工技术与装备;推广利用米糠保鲜和资源利用等加工新技术。

2. 小麦粉加工业

(1)发展方向

①小麦粉加工要积极发展食品专用小麦粉、营养强化和功能性的小麦粉,发展传统主食品工业化生产,小麦加工副产品小麦胚芽和麸皮综合利用,利用生物技术开发小麦粉改良剂。

②培育一批专用小麦粉加工龙头企业,创建一批优质专用小麦及专用粉品牌。以科技创新为切入点,提高小麦加工生产技术和装备水平,开发适销对路的多种食品专用粉品种。

③研究并推广面粉品质改良技术,合理利用添加剂,应用活性面筋、酶制剂、乳化剂、活性大豆粉等改善面粉品质,实施营养强化技术,按照营养、卫生、安全、经济的原则积极推进营养强化面粉。

④积极运用生物技术等高新技术开发谷朊粉、小麦胚芽、小麦麸皮制品,最大程度利用小麦资源。加快建设有区域特色的优质小麦基地。

(2)发展重点

①推广光辊碾磨制粉、强化物料分级与均衡出粉、小麦剥皮制粉等新工艺,促进采用正压气力输送技术和成套设备。加大推广配粉工艺及设备的力度,促进多种专用粉的生产。

②加强面粉品质改良技术的推广,合理使用添加剂,应用活性面筋、酶制剂、乳化剂、活性大豆粉等改善面粉品质。利用面粉为载体,实施营养强化技术,添加不同人群缺乏的多种微量元素和维生素,改善人们的食物营养。

③开发小麦深加工,大力推广挂面、馒头、速冻水饺等面制主食品,加速主食品生产的工业化。推广制粉过程中的在线品质监控和快速检测新技术、新装备。

3. 食用植物油加工业

(1)发展方向

①要积极开发各种专用油品、改性油品和功能性油品等,重视特种油料资源的开发利用。大力发展油及其副产品的综合利用,并向生产优质饲用蛋白、食用蛋白和精细化工产品方向延伸。

②加强双低油市场消费引导,加强双低油菜子脱皮分离、冷榨、挤压膨化、低温浸出技术的研究,开发"双低"名牌营养专用油。不断开发生产调和油、专用油和保健油,开展特种油料资源的开发利用研究。

③推广油中添加天然抗氧化剂技术,提高油品稳定性。发展米糠、玉米胚芽、小麦胚芽资源的提取、利用。

(2)发展重点

①高含油油料进一步推广预榨-浸出制油工艺及膨化浸出技术。推广低温脱溶技术,提高油料植物蛋白的利用价值。推广高效旋液分离器及其他分离装置在浸出混合过滤中的应用,确保浸出油和大豆磷脂的质量及混合油蒸发、汽提的正常操作。推广高效节能的流化床干燥机、液压紧辊轧坯机、大型预榨机、大型破碎

机、大型软化锅、蒸炒锅等成熟的先进设备。

②推广膜分离技术和装置在废水处理中的应用,回收油以提高废水处理水平。工厂加工油时,会有少部分油通过清洗等存于废水中。只有把这部分油回收,才不浪费,也不会污染环境。这种应用膜分离新技术、新设备回收的油与原产油品质几乎无异。

③扩大调和油、专用油、功能性油的生产。推广在油中添加维生素 E、茶多酚等天然抗氧化剂,以及充氮储存技术,提高油脂的稳定性。

④重视茶子油、杏仁油、南瓜子油、松子仁油、核桃油、紫苏油、月见草油、微孔草籽油、橄榄油、葡萄籽油等特种植物油的开发利用。大力提倡米糠、玉米胚芽、小麦胚芽的提取与利用。推广"水剂法"加工花生、核桃仁、葵花籽仁,制取优质食用油和花生蛋白产品。

⑤推广棉籽的混合溶剂浸出技术,生产棉籽蛋白和棉酚产品。利用红花籽油、葵花籽油、大豆油等富含亚油酸的植物油为原料,制取具有抗氧化等多种生理功能的共轭亚油酸(CLA)。

4. 粮油资源的综合利用

(1)粮油资源转化氨基酸产品新技术　针对我国目前饲用氨基酸尤其是蛋氨酸生产技术落后的现状,要开展赖氨酸、苏氨酸、蛋氨酸及色氨酸基因工程菌种改良研究,提高菌种产酸率、玉米淀粉的糖转化率,开发有自主知识产权的氨基酸产品。

(2)粮油资源转化功能性寡糖、多糖类添加剂产品新技术要开展高效甘露寡糖生产基因工程构建及规模化生产技术研究,以及完善优化酶工程甘露寡糖的生产工艺条件,建立高纯度甘露寡糖的分离纯化方法。

(3)粮油资源转化寡肽及多肽类饲料添加剂产品新技术　要开发新型绿色饲料添加剂-大豆生物活性肽系列产品,进行棉籽及菜子功能性寡肽添加剂研究,作为抗生素替代品,用于畜禽养殖和饲料生产。要开发豆粕等为原料的寡肽蛋白添加剂,建立新型蛋白质质量评价体系。

第三节　粮油加工企业开发项目的选择

一、粮油加工的主要类型

粮油加工业是指以粮食作物、油料作物为基本原料,加工成粮食、油料成品,或通过物理、化学、生物工程等技术,加工转化成各种食品、工业品、化工品、药品等产品的行业。根据粮油作物的特点,以及加工方法和加工产品的不同,粮油加工的类型也有所不同。

(1)粮食的碾磨加工　产品包括稻谷制米、小麦制粉、玉米及杂粮的粗制品,如玉米粉、玉米渣等。粮食的碾磨加工既要减少营养损失,又要加工精细,为食用或进一步加工新的食品打基础。

(2)以米、面为主要原料的食品加工　产品包括挂面、方便面、焙烤食品、米粉,以及以玉米、豆类等杂粮为原料的早餐食品等。

(3)植物油脂的提取、精炼和加工　包括各种植物油的提取,如大豆油、花生油、菜子油、棉籽油、玉米胚芽油、米糠油等产品的提取方法,以及油的精炼和加工等。

(4)淀粉生产　包括从玉米、马铃薯以及豆类等富含淀粉类的原料中提取天然淀粉,并得到各种副产品的生产工艺过程。

(5)淀粉的深加工与转化　包括淀粉制糖、变性淀粉、淀粉的水解再发酵转化产品的生产过程。

(6)植物蛋白质产品的加工　包括传统植物蛋白质食品和新蛋白食品,如豆腐、豆奶、浓缩蛋白、分离蛋白和组织蛋白的制备。

(7)粮油加工副产品的综合利用　包括麦麸、稻壳、米糠、胚芽、皮壳、废渣、废液、糖蜜等的加工和利用。

二、农民投资创办粮油加工企业应注意的问题

我国粮油总产量均居世界首位,但加工转化率和加工水平与发达国家相比,尚有较大差距。比如,我国农产品加工率只有30％左右,而发达国家达90％;我国工业食品用粮仅占饮食消费20％左右,而发达国家达80％;我国农产品加工业的产值仅为农业产值的50％,而发达国家为300％。差距就是潜力,发展农产品加工业潜力巨大,前程似锦。

加工才能增值,这是公认的道理。农户投资创办粮油加工业,真正做到既能满足市场的需求,又能创造较好的效益,要注意以下几个问题。

(1)因地制宜选项目　农产品生产有很强的地域性,某一作物有主产区、副产区以及零星种植区。农民朋友要对某一作物产品进行加工,一般应就地选择该作物的主产区,因为加工原料充足,可免除长途贩运所需的成本。比如,甘薯主产区农民要投资加工地瓜干系列产品,就应像福建连城县农民那样,充分利用该县6000多公顷甘薯种植面积的资源,就地取材办厂。山东甘薯种植面积大,亦可充分利用这一资源就地办厂。

(2)适度规模开发　有规模才有效益。但是,农民朋友要从事农产品加工业,不能像国内外大企业那样搞大规模开发。开发规模的确定,要由产品市场来说话。也就是说要先做好市场调查,你的产品销往哪里? 容量有多大? 价位如何确定? 效益如何? 都要一一测算清楚,用专业术语说,就是要有可行性研究报告,认定"可行"了,才能上马,切不可盲目"大干快上"。从目前发展态势看,面粉加工业规模都较大,农民朋友似很难切入;稻米、地瓜干、淀粉加工业则可大可小;油料加工业亦可大可小。总之,要视市场、效益、资金来确定投资开发的适当规模。

(3)高起点选项目 改革开放以来,粮油产品的加工技术已经发生翻天覆地的变化,我们将在下面的有关章节作介绍。所以,要从事农产品的加工,不能局限于传统的加工技术,要瞄准已研发成功的最新、最先进的技术和设备进行开发,产品才能逐步形成品牌,具有市场竞争力。还应该说明的是,采用新技术并不排除优秀传统技术的开发。比如,米粉加工已在传统加工技术的基础上,进行很多改进,形成许多地方米粉品牌,这些技术可以继续沿用。

(4)资金短缺与筹措 投资农产品加工业,除个别农户外,普遍会遇到资金短缺的问题。解决这一问题的办法,首先是组织农民专业合作社,利用入社社员的股金办厂,日后按所占股份比率分成,这是政府部门法定的一种组织形式,也有可能得到政府的资金扶持。其次,在自筹资金的基础上,争取向政府相关部门立项,可获得一定份额的资金支持。第三是正式立项,向银行争取贷款。此外,还可各显神通,多渠道争取办厂所需的资金。

(5)摈弃家族式管理法,导入现代管理模式 管理出效益,这又是通常挂在嘴上的一句话。纵观企业管理的经验教训,最忌的是家族式管理办法,这种办法弊端甚多,后遗症大,容易招致办厂失败。在社会快速发展的今天,应该吸纳现代企业的管理模式,新办企业应组建董事会,由董事会集体作出重大决策,而后聘任总经理(或总裁)主持日常工作,按现代经营管理办法办厂。

第二章 稻谷和米制品加工技术

水稻是我国第一大粮食作物。2007 年,稻谷总产达 1.86 亿吨,居世界首位。我国约有 2/3 的人以稻米为主食。因而,水稻生产在确保粮食安全中具有举足轻重的地位。

我国的水稻生产主要分布在南方 13 省(市、区),在北方的黑龙江等地也有较大的发展。

将稻谷加工成大米,其生物效价较高。米饭不仅香醇可口,而且对人体来说,各种营养成分的消化率和吸收率高。同时,以大米为原料亦可进一步加工制作米粉、糕点、米酒、酒精、谷维素、味精等。因此,按规范工艺做好稻谷及米制品的加工,提高食用品质和经济效益是十分重要的。

第一节 稻谷加工技术

一、稻谷工艺品质的概念

稻米的品质,广义上讲应该包括外观品质、食味品质、营养品质、保健品质、卫生品质、加工品质,以及贮藏品质等。本节讨论的是稻谷的工艺品质。它是指稻谷的籽粒形态结构、化学成分、物理性质等。不同品种、不同生长季节、不同等级的稻谷具有不同工艺品质,而其加工方法和加工精度的要求也有所不同。

1. 稻谷的分类

稻谷按生长方式分有水稻和旱稻;按生长的季节分有早稻

谷、中稻谷、晚稻谷;按粒形与粒质分有粳稻谷、籼稻谷、糯稻谷。
糯稻谷又分为籼糯稻谷和粳糯稻谷。

(1)籼稻谷 籽粒细长,呈长椭圆形或细长形,米饭胀性较大,黏性较小。其中,早籼稻谷腹白较大,硬质较少;晚籼稻谷腹白较小,硬质较多。

(2)粳稻谷 粒短,呈椭圆形或卵圆形,米饭胀性较小,黏性较大。其中,早粳稻谷腹白较大,硬质较少;晚粳稻谷腹白较小,硬质较多。

(3)糯稻谷 籼糯稻谷籽粒一般呈长椭圆形或细长形,米粒呈乳白色,不透明,也有呈半透明状,黏性大;粳糯稻谷子粒一般呈椭圆形,米粒呈现白色,不透明,也有呈半透明状,黏性大。

2. 稻谷籽粒的组成

稻谷籽粒由颖壳(谷壳)和颖果(糙米)两部分组成。

(1)颖壳(谷壳) 由两片退化的叶子内颖(内稃)和外颖(外稃)组成。内外颖的两缘相互钩合包裹着糙米,构成完全密封的谷壳。谷壳约占稻谷总质量的20%。

(2)颖果(糙米) 颖果由受精后的子房发育而成。颖果由颖果皮(含果皮、种皮和珠心)、胚和胚乳(占糙米88%~93%)三部分组成。在糙米碾白时,果皮、种皮和糊粉层一起被剥除。故这三层称为米糠层。

3. 稻谷的化学成分

根据测定分析,稻谷籽粒的主要化学成分见表2-1。

表 2-1　稻谷籽粒的主要化学成分　　　　　　　　(%)

种类	水分	蛋白质	脂肪	碳水化合物	纤维素	灰分
稻谷	11.7	8.1	1.8	64.5	8.9	5.0
糙米	12.2	9.1	2.0	74.5	1.1	1.1
胚乳	12.4	7.6	0.3	78.8	0.4	0.5
胚	12.4	21.6	20.7	29.1	7.5	8.7
皮层	13.5	14.8	18.2	35.1	9.0	9.4
谷壳	8.5	3.6	0.9	29.4	39.0	18.6

4. 稻谷籽粒的物理性质

(1)千粒重 指 1000 粒稻谷的质量,以克为单位,一般都以风干状态稻谷籽粒进行计量。

(2)密度 指稻谷籽粒单位体积的质量,以克/厘米³ 或克/升为单位。稻谷的密度一般为 1.17～1.22 克/厘米³。

(3)容重 指单位容积内稻谷的质量,用克/升或千克/米³。稻谷的容量一般为 450～600 克/升。

(4)谷壳率 指稻壳占净稻谷质量的百分率。一般粳稻谷壳率小于籼稻。同类型稻谷中则是早稻谷的谷壳率小于晚稻谷。

(5)爆腰率 指爆腰米粒(即米粒上有横向裂纹的米粒)占试样的百分率。爆腰的糙米籽粒强度较低,加工易出现碎米,使出米率降低。

(6)出糙率 指一定数量稻谷全部脱壳后获得的全部糙米质量(其中不完善粒折半计算)占稻谷质量的百分率。出糙率是评价商品稻谷质量等级的重要指标。

(7)散落性 指谷物颗粒具有类似于流体且有很大局限性的流动性能。谷物群体中谷粒间的内聚力很弱,容易像流体一样产生流动,并自动分级,其规律是大而轻的颗粒浮于料层的上部;小而重的颗粒沉于料层底部;轻而小和重而大的颗粒分别位于中层。

5. 稻谷籽粒的结构力学性质

稻谷籽粒各部分组织具有不同的细胞结构,所以具有不均匀的结构力学性质。只有充分了解这种性质,才能在加工过程中合理安排工艺流程和技术参数,提高加工米的完整率。

①颖的主要成分是粗纤维和二氧化硅,具有较硬的质地,有一定的机械承受能力,保护米粒不受破坏。据测定,内外颖的强度约为 250 克。

②皮层主要由细胞壁物质纤维素、半纤维素和木质素构成,

其中,还有较多的矿物质,胞壁较厚,而内容物较少。由于皮层处于种子的外层,其韧脆性受水分的影响较大。加工时,为提高皮层的完整性,可以在表面着水,使其软化。

③胚乳的细胞壁薄,分布在基质蛋白质网络中的淀粉具有较大强度的结晶结构,有较大的刚性,而胚乳的质量占整个子粒的90%左右,因此,胚乳的结构力学性质对碾米工艺的影响很大。

④胚有着很薄的细胞壁,内容物原生质具有胶体性质,细胞的韧性较强,能被压扁而不破裂。

在机械力的作用下,糙米颗粒会发生变形而产生内部应力。当外力的作用超过一定强度时,糙米颗粒将破裂。米粒的抗破坏强度可用抗压强度、抗剪切强度、抗弯曲强度等来表示,单位为千克。碾米过程中糙米主要受挤压的作用。

⑤不同类型糙米粒的抗压强度见表2-2。

表2-2　不同类型糙米籽粒的抗压强度　　　　（千克）

类型	早稻	中稻	晚稻
籼糙米	5.3～7.0	5.4～7.1	5.4～7.7
粳糙米	6.7	6.1～8.2	6.2～10.3

⑥水分对糙米强度的影响见表2-3。

表2-3　水分对糙米籽粒强度的影响

水分(%)	抗压强度/千克		抗弯曲强度/千克		抗剪切强度/千克	
	角质粒	腹白心白粒	角质粒	腹白心白粒	角度粒	腹白心白粒
23.24	2.35	2.05	1.61	1.42	1.15	0.91
21.51	2.86	2.63	2.17	2.02	1.49	1.04
19.12	3.54	2.91	2.37	2.15	1.52	1.30
17.39	5.34	5.02	3.18	3.05	2.10	1.46
15.28	5.94	5.89	3.80	3.39	2.69	2.02

⑦温度对糙米颗粒强度的影响见表2-4。

表 2-4 温度对糙米籽粒强度的影响

水分(%)	温度/℃	抗压强度/千克			
		爆腰	破碎	爆腰	破碎
12.4	−20	10.91	12.54	6.39	7.81
	0	12.25	13.22	7.37	8.79
18.0	20	11.23	12.08	6.78	8.06
	30	10.66	11.46	5.73	7.81

二、稻谷砻谷前的去杂

由于栽培、收割、脱粒、干燥、运输储藏等原因,稻谷一般都混有杂草种子、瘪谷、虫尸、虫卵和虫蛹,以及泥沙、石子、磁性矿石和金属等杂质,必须彻底清除,才能提高成品的质量。

(1)分选去杂的方式、原理及常用设备的作用 砻谷前清理杂质的方法是借助杂质与谷粒物理性质的不同进行分选。分选的方式主要有风选、筛选、密度分选、精选、磁选、光电分选等。稻谷分选的方式、原理及常用设备的作用见表 2-5。

表 2-5 稻谷分选的方式、原理及常用设备的作用

分选方式	原 理	常用设备	作 用
风选	利用稻谷和杂质空气动力学性质的差异	吸式风选机、吹式风选机、循环风选机	分离稻谷中的轻杂质,稻谷粒度分级
筛选	利用稻谷和杂质的粒度差异	初清筛、振动筛、平面回转筛	分离与稻谷粒度相差较大的杂质
密度分选	利用稻谷和杂质的密度差异	高速筛、比重去石机、重力分级机、浓集机	分离稻谷中的石子
精选	利用稻谷和杂质的长度差异	碟片精选机、滚筒精选机、碟片滚筒组合机	分离与稻谷长度相差较大的杂质

续表 2-5

分选方式	原　理	常用设备	作　用
磁选	利用杂质的磁性	磁筒、永磁滚筒、电磁滚筒	分离稻谷中的磁性杂质
光电分选	利用稻谷与杂质的光学和电学性质的差异	光电分选装置	分离与稻谷色差较大或介电常数相差较大的杂质

(2)砻谷前去杂流程与效果评价　砻谷前去杂流程为稻谷(计量)→筛选风选组合→密度分选(去石)→磁选→精选→净谷(计量)

评价去杂工艺效果的指标有净粮提取率和杂质去除率。

$$净粮提取率=\frac{清理后净谷量}{清理前净谷量}$$

$$杂质去除率=\frac{清理前杂质含量-清理后杂质含量}{清理前净谷量}$$

三、砻谷和砻下物分离

1. 砻谷工艺

(1)砻谷　是指稻谷加工中脱去稻壳的工艺过程。在现代的碾米工厂中,稻谷去杂后获得的净稻均需进入砻谷机去除颖壳制得纯净糙米后,方能进行碾米。

(2)砻下物　是指稻谷砻谷后的混合物,主要有糙米、未脱壳的稻谷、稻壳及毛糠、碎糙米和未成熟粒等。

砻谷是根据稻谷结构的特点,由砻谷机施加一定的机械力而实现的。根据脱壳时的受力和脱壳方式,稻谷脱壳可分为挤压搓撕脱壳、端压搓撕脱壳和撞击脱壳3种,可根据加工厂的实际需要,选择相应的机械。砻谷工艺流程如图2-1所示。

(3)挤压搓撕脱壳　挤压搓撕脱壳是指谷粒两侧受两个不等速运动工作面的挤压、搓撕而脱去颖壳的方法。胶辊砻谷机是应

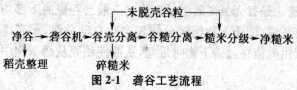

图 2-1 砻谷工艺流程

用挤压搓撕脱壳机理而制造的典型设备。这种砻谷机最为常用，其工作部件是一对富有弹性的橡胶辊或聚酯合成胶辊，两辊作相向不等速运动，依靠挤压力和摩擦力使稻壳破裂并与糙米分离，两辊间的压力可以调节。品种不同的稻谷需要的压力不同，压力过大，会使米粒变色、变脆，并缩短辊筒的寿命。一般来说，每使用 100～150 小时就需要更换辊筒。

(4)端压搓撕脱壳 端压搓撕脱壳是指谷粒长度方向的两端受两个不等速运动工作面的挤压、搓撕而脱去颖壳的方法。砂盘砻谷机是应用端压搓撕脱壳机理而制造的典型设备。它的基本构件是上下平行安置的两个砂盘，上盘固定，下盘转动，谷物在两盘间隙内受到挤压、剪切和撕搓等作用而脱壳。砂盘砻谷机的最大优点是结构简单，造价低，砂盘可自行浇注，但对糙米的损伤大，碎米率高，脱壳率低。

(5)撞击脱壳 撞击脱壳是指高速运动的稻谷颗粒与固定工作面撞击而脱去颖壳的方法。离心砻谷机是应用撞击脱壳机理而制造的典型设备。谷物进入设备后落在离心盘上，受离心力的作用，谷粒被高速甩向设备的内筒壁而产生很大的撞击力，将稻壳撞裂。

2. 谷壳分离

谷壳分离是指从砻下物中将糙米中的稻壳分离出来的过程。砻下物经稻壳分离后，每 100 千克稻壳中含饱满粮粒不应超过 30 粒，谷糙混合物中含稻壳量不应超过 1.0%。

谷壳分离主要利用稻壳与谷糙在物理性质上的差异而使其相互分离。由于稻壳与谷糙在悬浮速度上存在较大的差异，所以,风选法是谷壳分离的主要方法。一般砻谷机的下部均带有谷壳分离装置,即砻下物流经分级板产生自动分级,稻壳浮于砻下物上层由气流穿过砻下物时带起,从而使稻壳从砻下物中分离出来。

3. 谷糙分离

由于砻谷机不可能一次全部脱去稻谷颖壳,砻谷后的糙米中仍有一小部分稻谷未脱壳。为保证净糙入机碾米,故需进行谷糙分离。谷糙分离是对分离稻壳后的砻下物进行分选,使糙米与未脱壳稻谷分开。谷糙分离有两种方式:

(1) 利用稻谷和糙米粒度的差异 谷糙混合物充分自动分级后,稻谷上浮,糙米下沉,可使用合适的筛面,使糙米充分接触分级面而得以分离。这种分离方式以筛选原理为基础。

(2)利用谷物和糙米在密度、弹性和表面性质方面的差异 在分离设备内部碰撞和表面摩擦时,稻谷和糙米向不同的方向运动而分离。使用分离筛的筛选法是应用最广泛的谷糙分离法。

四、碾米

1. 碾米的目的

碾米的目的主要是碾除糙米的皮层。糙米皮层虽含有较多的营养素,如脂肪、蛋白质等,但粗纤维含量高,吸水性、膨胀性差,食用品质低,不耐储藏。糙米去皮的程度是衡量大米加工精度的依据,即糙米去皮愈多,成品大米精度愈高,但应尽量保持米粒完整,减少碎米,提高出米率。

2. 碾米的方法

碾米的基本方法可分为化学碾米和机械碾米两种。

(1)化学碾米 先用溶剂对糙米皮层进行处理,然后对糙米进行轻碾。碾米的结果可同时获得白米和米糠。化学碾米过程中碎米少,出米率高,米质好,但投资大,成本高,溶剂来源、损耗、残留等问题不易解决,因而一直未能推广。化学碾米还有利用纤维素酶分解糙米皮层的功效,不经碾制即可使糙米皮层脱落而制得白米。

(2)机械碾米 运用机械设备产生的作用力对糙米进行碾白的方法。

3. 碾米的原理

机械碾米按其作用力的特性分为摩擦擦离碾白和研削碾白。

(1)摩擦擦离碾白 糙米在碾白室内相对运动产生相互间的摩擦力,米皮沿胚乳表面产生相对滑动,并被拉伸、断裂,直至擦离,使糙米皮层剥落成白米,表面细腻光洁,精度均匀,色泽较好,但碾白压力大,容易产生碎米。

(2)研削碾白 研削碾白是借助高速转动的金刚砂辊筒表面无数锐利的砂刃对糙米皮层进行运动研削,使米皮破裂脱落,达到糙米碾白的目的。研削碾白压力小,产生碎米较少,成品表面光洁度较差,米色暗而无光,易出现精度不均匀现象,米糠内含淀粉较多。

4. 碾米机的结构及使用特点

碾米机主要由进料机构、碾白室、出料机构、传动机构,以及机座等部分组成。其中,碾白室是碾米机的心脏,是影响碾米工艺效果的关键部件。碾白室由螺旋输送器、碾辊和米筛等组成。组合碾米机还有擦米室、米糠分离机构等。喷风米机还有喷风机构等。我国碾米定型设备为 NS 型砂辊碾米机。根据碾米机作用方式可分为擦离型碾米机、研削型碾米机和混合型碾米机。

(1)擦离型碾米机 擦离型碾米机均为铁辊式碾米机,因具有较大的碾白压力又称为压力式碾米机。擦离型碾米机碾辊线速较低,一般在 5 米/秒左右,碾制相同数量大米时,其碾白室容积比其他类型的碾米机要小,常用于高精度米加工,多采用多机组合,轻碾多道碾白。

(2)研削型碾米机 研削型碾米机均为砂辊碾米机,其碾辊线速较大,一般为 15 米/秒左右,故又称为速度式碾米机。研削型碾米机碾白压力较小,与生产能力相当的擦离型碾米机相比,机型较大。

(3)混合型碾米机 混合型碾米机为砂辊或砂铁辊结合的碾米机,其碾白作用以研削为主,擦离为辅,碾辊线速介于擦离型碾米机和研削型碾米机之间,一般为 10 米/秒左右。混合型碾米机兼有擦离型和研削型碾米机的优点,工艺效果较好。碾白平均压力和米粒密度比研削型碾米机稍大,机型适中。

碾米厂在弄清各种类型碾米机后,要根据生产的需要和规模选择机型。加工白米的单位产量与碾白运动面积(含碾辊的直径、长度和转速)密切相关,面积大,出米多;反之,则少。一般擦离型碾米机每加工 1 千克白米需要碾白面积 6~8 米^2,研削型为 15~20 米^2,混合型则为 9~14 米^2。

五、成品米和副产品的整理

1. 成品米的整理

(1)擦米 擦米是擦除黏附在白米表面的糠粉,使白米表面光洁,提高成品米的外观色泽,同时有利于大米储藏及米糠回收利用。

国内外常用的擦米机均用棕毛、皮革或橡胶等柔软材料制成擦米辊。擦米辊周围有花铁筛或不锈钢金属筛布,米粒在两者之间运动而被擦刷。

(2)凉米 稻米加工时米温升高。凉米的目的是降低米温,防止发热霉变,以利于打包进仓储藏。凉米一般都在擦米的同时进行。通常使用气流与米粒进行逆向热交换,将凉米与吸糠有机结合起来。也可以使用喷风米机碾米和白米,气力输送使成品冷却。

(3)白米分级　白米分级的目的是根据成品质量要求分离出超过标准的碎米,通常采用筛选设备进行分级。

国家标准中有关碎米的规定是留存在直径 2 毫米的圆孔筛上,不足正常整米 2/3 的米粒为大碎米;通过直径 2 毫米圆孔筛,留存直径 1 毫米圆孔筛上的碎粒为小碎米;各种等级的早籼米、籼糯米的含碎总量不超过 35%,其中小碎米为 2.5%;各种等级的晚籼米、早粳米的含碎总量不能超过 30%,其中小碎米为2.5%;各种等级的晚粳米、粳糯米的含碎总量不能超过 15%,其中小碎米为 1.5%。

2. 稻谷加工后副产品的分类整理

稻谷加工后的副产品包括稻壳、米糠、碎糙米等。为将其综合利用并分类安全储藏,必须把混杂状态的副产品进行整理。

(1)稻壳的整理　稻壳整理通常有两种方法:

①风选法。从砻谷机吸出的稻壳由离心分离器收集后,进入稻壳分离器进行二次分离。这种方法具有较好的工作环境,但要求有沉降设备,另外设备投资、占地面积和动力消耗都较大。

②风选筛选结合法。在风选的流程中增加一道筛选,将混杂在稻壳中的毛糠提取出来。据测定,毛糠中有高达 30% 的淀粉。

(2)未熟粒和碎糙米的整理　未熟粒是生长不完全的米粒,强度小,在碾米时容易破碎而混入米糠中,增加米糠的淀粉含量,影响米糠油的质量。使用带有稻壳分离装置的砻谷机,在谷糙出口前可以将未熟粒和碎糙米分离出来。

六、中小型碾米厂的设备选型

我国生产碾米机的厂家很多,可供选择的余地很大。现以稻谷生产大省湖南的湘粮机械制造有限公司提供的、较为先进和实用的多种型号设备为例,介绍创办中心型碾米厂设备选型的方法,供参考。

1. 小型碾米设备——LN15 型砻碾组合米机

(1)机组主要结构 该机配置了原粮进料斗、双联提升机、6 英寸砻谷机、45 型平面回转谷糙筛、15 米机、油糠收集用沙克龙、主电机(或柴油机)。

(2)技术参数

①产量:500～650 千克/小时

②功率:11～15 千瓦(kW)

③外形尺寸:长×宽×高＝780 毫米×670 毫米×2460 毫米

④机组重量:600 千克

(3)主要特点

①结构紧凑,占用场地小,一般可利用现有场地,不需另建厂房。

②一次性投资小,见效快。整套机组 2009 年报价为 3.18 万元。

③集中传动,整机只由一台电动机(或一台柴油机)带动,不受加工量多少的影响,几十公斤也能进行加工,且加工米质好,出米率也高。

④操作简单,易维护,使用寿命长。

⑤适用于个体农户或小型粮食加工厂,特别是边远山区农户来料加工。

2. 中型成套碾米设备——CTNM20 型

(1)成套设备生产能力 日产 22～24 吨,即每小时生产0.9～1吨大米。

(2)设备性能特点 提升机加速流畅,清杂去石机高效宽大,压铊砻谷机衡压无油,谷糙分离机超大处理量,碾米机强大稳定。

该型号成套设备还可根据客户要求,补充后续设备,如色选机、抛光机、水磨机、包装机,可加工系列产品,提高加工大米档次。

(3)技术参数　该套设备又可分为 CTNM20A、CTNM20B、CTNM20C 三种型号,分别加工标一米、特二米和精洁米。碾米机主要技术参数见表 2-6。

表 2-6　碾米机主要技术参数

型号	动力 /千瓦	产量 /(吨/天)	外形尺寸(长×宽×高) /(毫米×毫米×毫米)	重量 /千克
CTNM20A	27.5	22～24	3100×3000×4100	1000
CTNM20B	45.75	22～24	4600×3000×4100	2950
CTNM20C	74	22～24	6100×3000×4100	3900

(4)投资概算　2009 年报价:A 型 3.78 万元/套;B 型配两台碾米机,4.98 万元/套;C 型增配抛光机,7.38 万元/套。厂房约 500 米²(含仓库),造价约 3 万元;流动资金 6 万元,合计 17 万元即可启动。

一般每加工 1 吨可获纯利在 40 元左右,利润大小还和管理水平、加工技术水平、采购稻谷的质量水平等因素有关。运作得好,1.5～2 年可收回成本。

第二节　稻谷加工副产品的综合利用

一、稻壳的综合利用

稻谷加工产生的稻壳约占稻谷质量的 20%,比例相当大,而且密度小,体积大,不便运输。稻壳的主要成分是纤维素、木质素和二氧化硅。稻壳主要可综合利用于以下方面:

①炭化后制备有机废料的吸附剂和亲和色谱填料。

②作燃料,热值为 13.44～15.54 千焦/克,灰分的用途甚广。

③制备活性炭和白炭黑。

④制备隔热、保温材料。

⑤制备防水材料。

⑥制备水泥和混凝土。

⑦制备绝热耐火材料。

⑧制备涂料等。

二、米糠的综合利用

(1)制取米糠油 由米糠生产的米糠油,亚麻酸含量低,维生素 E 含量较高。米糠油具有清除血液中的胆固醇、降低血压、加速血液循环、刺激人体内激素分泌、促进人体发育的作用。

(2)制取糠蜡 糠蜡是精炼食用米糠油时所得的糠蜡再经精制而得的副产品。糠蜡是高级一元醇与高级脂肪酸形成的酯类。米糠油中糠蜡的含量一般为 3%~5%。糠蜡在人体内不能被消化吸收,无食用价值,因此,糠蜡必须从糠油中除去。

蜡的用途很广,一般的蜡可以用作照明材料,质量较高的蜡可以用作电器的绝缘材料,还可以用于制造蜡纸、蜡笔、地板蜡、皮鞋油、车用上光蜡、抛光膏、胶膜剂、唱片材料、纤维用乳胶、水果喷洒保鲜剂、胶母糖等。

制取糠蜡主要用压榨皂化法,需配备热用压滤机、冷却罐、水化罐、油压机、皂化罐等,其工艺流程为米糠油→热过滤→冷却过滤→水化→压榨→皂化→脱色→精制蜡。

(3)制取谷维素 谷维素是米糠中存在的不皂化物,也是精炼米糠油的副产物,在米糠中的含量为 0.3%~0.5%,在米糠毛油中的含量达 2%~3%。

谷维素的药用和保健价值较高,主要用于治疗因自主神经功能失调引起的疾病,如周期性神经病、脑震荡后遗症、血管性头痛、妇女更年期综合征,在降低血脂、抗氧化、抗衰老和抗肿瘤方面也有显著的效果。谷维素还能延缓皮肤老化和吸收紫外线,因此也具有美容作用。

谷维素的制备常用皂脚甲醇碱液皂化法,其工艺流程如图2-2
所示。

滤渣→回收　　　　　　　　滤液
　　　　↑　　　　　　　　　　　　↑
皂脚→补充皂化→皂胶→甲醇碱液皂化、分离→滤液→酸析、分离→粗
谷维素→洗涤、干燥→谷维素粉

图 2-2　皂脚甲醇碱液皂化法工艺流程

(4)制取谷甾醇　谷甾醇是植物甾醇(又称为植物固醇)的一
种,可以从米糠油的下脚中提取,也可以从玉米、棉籽等作物中提
取。目前,从植物中至少可鉴定出 44 种植物固醇。谷甾醇可以
治疗心血管病、抗炎退热、降低人体血清胆固醇及防止冠状动脉
硬化的发生,对慢性支气管炎、支气管哮喘也有一定疗效。

制取谷甾醇需要搪瓷反应釜、压滤器、浓缩锅、烘干箱等,其
工艺流程如图 2-3 所示。

滤渣→溶剂回收
　　↑
皂渣→干燥→萃取→冷却→压滤→滤液→浓缩→结晶→压滤→干燥→粗谷
甾醇→脱色→热过滤→结晶→压滤→干燥→谷甾醇成品
　　　　　　　　　　↓
母液→溶剂回收

图 2-3　到取谷甾醇工艺流程

(5)制取植酸钙和肌醇　米糠榨油后的米糠饼约占米糠重量
的 38%。米糠饼中含有 2%～14.5%的植酸。植酸含抗营养素,
家畜吃了米糠后有一部分不能吸收。因此,从米糠饼中提取植酸
钙,进而制取肌醇,是合理利用米糠饼的一条重要途径。

植酸钙和肌醇都是药物和营养剂,广泛应用于医药、食品、化
工等许多方面。我国目前生产的肌醇以外销为主,国际上对肌醇
的需求量很大,供不应求,经济效益明显,创汇率高,因此,生产植
酸钙、肌醇很有意义。

①从米糠饼中制取植酸钙的工艺流程如下：

米糠饼→粉碎→酸浸→过滤→中和、沉淀→过滤→酸化、钙化→脱色→过滤→中和→过滤→脱水→粉碎→烘干→包装

②从植酸钙中制取肌醇的工艺流程如图 2-4 所示。

残渣　　　　　　　　　　粗母液回收

植酸钙→高压水解→中和→脱色→浓缩→冷却结晶→分离→粗制品→精制→冷却结晶→分离→再精制→烘干→包装

图 2-4　从植酸钙中制取肌醇的工艺流程

第三节　特种专用米加工技术

一、蒸谷米加工

所谓蒸谷米就是把清理干净的谷粒先浸泡再蒸，待干燥后再碾米。蒸谷米出米率高，碎米少，容易保存，耐储藏，出饭率高，饭松软可口，可溶性营养物质多，易于消化和吸收。

由于蒸谷米能提高出米率和提高营养价值，目前全世界稻谷总产量的 1/5 已被加工成蒸谷米。我国生产蒸谷米已有 2000 多年历史，但大规模的现代化工厂生产则始于 1965 年浙江省湖州蒸谷米厂建成之后。

(1)蒸谷米的特点

①稻谷经水热处理后，籽粒强度增大。加工时，碎米明显减少，出米率提高。糙出白可提高 1％～2％；脱壳容易，砻谷机效能提高 1/3；米糠出油率比普通大米高；籽粒结构变得紧密、坚实，加工后米粒透明、有光泽，外观品质也有所提高。

②胚乳内维生素与矿物质的含量增加，营养价值提高。维生素 B_1 更均匀地分布在蒸谷米中，维生素 B_1、维生素 B_2 的含量要比普通白米高 4 倍，烟酸高 8 倍；米饭易于消化、出饭率高，蒸谷

后粳米较普通白米可提高出饭率 4%左右,籼米可提高 4.5%。

③蒸谷米有利于保存,这是由于稻谷在水热处理过程中,杀死了微生物和害虫,同时也使米粒丧失了发芽能力,所以储藏时可防止发芽、霉变,易于保存。

(2)蒸谷米加工工艺 蒸谷米的加工除稻谷经水热处理工序外,其余工序与普通大米加工工艺基本相同。其工艺流程如下:

原粮→清理→浸泡(80℃～90℃,3 小时)→汽蒸→干燥与冷却→砻谷→碾米→色选→蒸谷米

二、免淘米加工

(1)免淘米的特点 免淘米是一种炊煮前不需要淘洗的大米。通常在水中淘洗的米粒,随水流失的米糠及淀粉约 2%,营养成分中损失无氮浸出物 1.1%～1.9%,蛋白质 5.5%～6.1%,钙 18.1%～23.3%。铁 17.7%。而免淘米不仅可以避免在淘洗过程中干物质和营养成分的大量流失,而且可以简化做饭的工序,节省做饭的时间,节约淘米用水,防止淘米水污染环境。目前,世界上一些发达国家都生产和食用免淘米,并进一步对大米进行氨基酸或维生素的强化,以提高大米的营养价值。

用于免淘米加工的米必须无杂质、无霉、无毒。为提高免淘米的食用品质和商品价值,还应尽量减少不完善粒、腹白粒、心白粒、全粉质粒,以及异种粮粒的含量,以提高成品的整齐度、透明度与光泽度。

免淘米精度要求达到国家一等米标准。含杂允许每千克含沙石不超过 1 粒,达到断糠、断稗、断谷,不完善粒含量小于 2%,每千克成品中的黄粒米少于 5 粒,成品含碎米率小于 5%。

(2)免淘米加工工艺 国内生产免淘米大都是在加工普通大米的基础上,增加白米抛光等工序完成的。标一米加工免淘米的工艺流程如图 2-5 所示。

滴加上光剂

标一米→精选机——→精碾机→抛光机→保险筛→成品米

　　杂质、碎米　　残余糠粉　　　残留碎米或杂质

图2-5　标一米加工免淘米的工艺流程

三、水磨米加工

水磨米是我国一种传统的精洁米产品,素有水晶米之称,为我国大米出口的主要产品。水磨米生产工艺的关键在于将碾米机碾制后的白米继续渗水碾磨,产品具有含糠粉少、米质纯净、米色洁白、光泽度好等优点,因此可作为免淘米食用。

水磨米加工中的碾臼工序、擦米工序与加工普通大米相同,不同的是渗水碾磨、冷却及分级。水磨米加工工艺流程如图 2-6所示。

渗水　　　　吸风

糙米→砂辊碾米→铁辊擦米→冷却流化槽→分级筛→水磨米

　　　　　　　　　　　　　　　　糠粉细粒

图2-6　水磨米加工工艺流程

四、营养强化米加工

人们出于口感和商品外观,喜爱食用高精度大米,但精米在加工过程中损失大量的营养素。解决"好看"与养分流失的矛盾的一个重要方法,就是生产人工添加所需营养素的营养强化米。

(1)营养强化米的特点　营养强化米是在精米中添加强化剂。强化剂有维生素、氨基酸及多种营养素。维生素强化剂主要是维生素 B_1,氨基酸强化剂主要是赖氨酸和苏氨酸,多种营养素主要是指维生素 B_1、维生素 B_2、维生素 B_6、维生素 B_{12},以及蛋氨酸、苏氨酸、色氨酸、赖氨酸等。食用营养强化米时,有的按1:

200(或 1∶100)比例与普通大米混合煮食,有的与普通大米一样直接煮食。

(2)营养强化米的加工工艺 生产营养强化米主要有三种方法:

①内持法。借助保存大米自身某一部分的营养素达到营养强化的目的,如蒸谷米。

②外加法。将各种营养强化剂配成溶液后,由米粒吸进去或涂覆在米粒表面,方法有侵吸法、涂膜法、强烈型强化法等。

③造粒法。将各种粉剂营养素与米面粉混合均匀,在双螺杆挤压蒸煮机中经低温造粒成米粒状,按一定比例与普通大米混合煮食。

五、留胚米加工

(1)留胚米的特点 稻米胚含有多种维生素、优质蛋白质及脂肪,所以,留胚米比普通大米营养价值高。留胚米是指米胚保留率在 80% 以上的大米。

(2)留胚米加工特点及方法 留胚米与普通大米的加工都需要经过清理、砻谷、碾米三个阶段。所不同的是碾米过程要求采用多机轻碾,即碾白道数要多,碾米机内压力要低。使用的碾米机应为砂辊碾米机。金刚砂辊筒的砂粒应较细($46^{\#}$,$60^{\#}$),碾白时,米粒两端不易被碾掉。砂辊碾米机的转速不宜过高,一般离心加速度在 1000 米/秒^2 以下。碾米机的配置有单机循环式和多机连续式两种。

①单机循环式。在一台碾米机上装有循环用料斗,米粒经过6~8 次循环碾制而得到留胚米。这种加工方式效率低,但占地面积小,设备投资少。

②多机连续式。即将 6~8 台碾米机并列串联,使米粒依次通过各道碾米机碾制而得到留胚米。这种加工方式适合大规模

生产,但占地面积大,投资高。国内已研发出立式碾米机,加工的大米留胚率达80%以上。

由于胚在适宜的温度、水分条件下,更容易滋生微生物。因此,留胚米常采用真空包装或充气(二氧化碳)包装,防止其品质降低。

六、发芽糙米加工

(1)发芽糙米的功效　发芽糙米是指处于发芽状态下的糙米,具有良好的营养保健功效。发芽糙米比一般的糙米含更多的纤维,氨基酸含量是一般糙米的3倍,γ-氨基丁酸含量是一般糙米的10倍。还含有各种活性酶、游离态的微量元素,丰富的维生素、膳食纤维、多种抗氧化物质、六磷酸肌醇、谷胱苷肽等。γ-氨基丁酸具有活化脑血流、增强脑细胞代谢、降低血压、抗惊厥、促进长期记忆,改善肝、肾功能、缓解动脉硬化、减少中性脂肪、防止肥胖等功效。六磷酸肌醇具有抗氧化能力,抑制并杀死自由基,保护细胞免受自由基伤害,缩小肿瘤体积,对结肠癌、肝癌、乳腺癌、前列腺癌、肺癌等癌肿块有防治效果,科学家已发现癌细胞在六磷酸肌醇中可恢复成正常细胞,所以它有癌症的天然杀手之称。另外,它还具有防止肾结石、降低血脂浓度、保护心肌细胞、防止动脉硬化等功效。

2000年日本首先研发了发芽糙米。目前,发芽糙米在日本、韩国、新加坡等国家和我国的台湾、香港地区已有批量生产和销售。

(2)发芽糙米的加工　将糙米清洗后,用18℃～24℃清水浸泡2～4小时后,在35℃～45℃使糙米发芽11～25小时,其间,每隔8～12小时换一次清水。再将发了芽的糙米在40℃～50℃干燥4～12小时,至含水量为12%～14%即可。

(3)发芽糙米的市场评估　据我国居民营养与健康现状调

查:18 岁以上居民高血压患病率为 18.8%,估计全国患病人数 1.6 亿多人;糖尿病患病率为 2.6%,估计全国糖尿病患病 2000 多万人;体重超重肥胖也达 2 亿多人;成人血脂异常患病率早达 18.6%,还有大量的亚健康人群。由于发芽糙米具有明显的保健及防病功效,这些人群是发芽糙米的巨大消费群体。仅以 10%患者每人日均进食 100 克计,每年就有 190 多万吨的消费量,开发的前景看好。

第四节　米制品精加工技术

一、米粉加工

(1)米粉的主要品种　米粉在米制品中占有重要地位,品种多,产量大,销路广。地方名牌米粉有福建莆田的兴化粉、厦门的白鹭牌米粉、漳州的荔枝牌米粉,安溪的虎头米粉、福州的桐口米粉,以及广东东莞的方米粉、肇庆的米排粉、中山的濑粉等。这些米粉以其优异的品质,上乘的风味,不仅畅销国内,还远销国外。因此,加工米粉前途广阔。

①湿米切粉包括炒粉、水粉,猪肠粉,大碱水肠粉、虾米肠粉、油条肠粉、甜肠粉、猪油肠粉、猪肝肠粉、牛油肠粉、凤凰肠粉、鸳鸯肠粉。

②干米切粉包括梧州切粉、龙门切粉、辣椒切粉、茄汁切粉、北押切粉等。

③湿米榨粉包括桂林米粉、银丝米粉。

④干米榨粉包括粗条米排粉、细条米排粉、方块米粉、波纹米粉。

(2)米粉的选料　制作米粉前,选好大米原料尤为重要,要求选用含支链淀粉在 85%以下的非糯性大米为原料。广东、福建等省的一些常规稻、杂交稻组合,经稻米品质测定合格被组织生产和广泛利用。用其制作的米粉得率高、黏性不大、韧性好、耐煮、爽口。大米原料最好在精加工后加白,以保证产品精白雪亮。

(3)米粉加工工艺

①湿米切粉加工的工艺流程如图 2-7 所示。

原料米→洗米→浸泡→磨浆→滤布脱水(俗称上浆)→落浆蒸煮→冷却
→湿米切粉→切条(连续生产)→割断→叠份→折片切条
　　　　　　　　　　　　　└→卷粉(肠粉)

图 2-7　湿米切粉加工的工艺流程

②干米切粉的加工工艺与湿米切粉基本相同,但在最后要增加一道干燥工序。

(4)切粉加工设备　主要有筐篮及其提升设备、洗米机、浸泡桶(容器)、磨浆设备、蒸粉机、切粉机,制作干粉还要增加干燥设备,阳光充足时,可不用干燥设备。

榨米粉加工分为湿米榨粉和干米榨粉,其加工工艺与切粉的加工大同小异。最大的不同是把脱水后的粉团糊化做成片坯料,而后将坯料送入榨粉机挤压成粉条。如果是做成干粉条,要经干燥,使水分降到 13%~14%,以利于保质。

二、年糕加工

将糙糯米精磨至精白为 90% 之后,水洗、浸渍,将吸了水的米蒸熟成饭,用捣年糕机捣合制成年糕,再分别制成年糕块或袋包装年糕。年糕块就是将捣制好的年糕压延后,冷藏放置使其硬化,然后切成各种形状的小块,将其真空包装或充气包装而成。年糕加工工艺流程如图 2-8 所示。

原料(糙糯米)→精白→水洗、水浸渍→沥干水分→蒸熟→捣制年糕

　　　　　　袋装年糕←水冷←加热处理←整形←装袋

年糕块←杀菌←真空包装←充氮包装←切块←冷却硬化←压延整形

图 2-8　年糕加工工艺流程

采用年糕生产机制作年糕可降低成本、简化工艺、提高效益。自熟榨条机应用摩擦发热的原理,使入机的粉状物料之间相互挤压、摩擦生热而使淀粉糊化。物料在机膛内一边受热糊化,一边受螺旋推力作用,从方形板孔成条地排出,再经冷却、切割成形、计量、真空包装、杀菌、降温而成。

三、酒精制作

(1)制作酒精的原料　酒精是一种无色透明、具有特殊香味的液体,是国防、化学、医药卫生、食品、燃料等的重要原料。近年来,在能源日趋紧张的情况下,一些国家用谷物类(特别是玉米)生产酒精,按一定配比,用作汽车等的动力,成为石油的替代产品。

生产酒精的原料主要有谷物类(玉米,稻米主要是陈米)、薯干、糖蜜(特别是榨糖后的糖蜜),亚硫酸素原料也可生产酒精。谷物类原料要求不霉烂,淀粉含量达 62% 以上。

(2)大米等谷物(或薯干)的酒精制作工艺

大米等谷物(或薯干)的酒精制作工艺流程如图 2-9 所示。

图 2-9 大米等谷物(或薯干)的酒精制作工艺流程

(3)主要生产设备及加工能力　主要生产设备有粉碎机、蒸煮锅、糖化锅、液体曲培养罐、酒母培养罐、发酵罐、粗馏塔、精馏塔等。

计算加工能力时应以蒸馏塔为主,后与粉碎机、蒸煮锅、糖化锅、发酵槽的加工能力进行综合平衡。其公式如下:

酒精年加工能力(吨)=蒸馏塔数×蒸馏塔小时产量×

(365 天一大、中修日数)×24 小时

生产周期为 69～78 小时

(4)质量等级要求 生产的酒精按国家规定的酒精含量标准分为 4 级。优级为≥96％,一级为≥95.5％,二、三、四级均为≥95％。其他物质,如硫酸、醛、杂醇油、甲醇、酸、酯,以及不挥发物,不得超过规定的指标。

四、米酒制作

我国用优质糙糯米酿酒,已有千年以上的悠久历史。米酒已成为农家日常饮用的饮料。现代米酒多采用工厂化生产,著名的福建米酒有龙岩的"沉缸酒"、屏南的"惠泽龙"、尤溪的"闽族红"等。

1. 米酒的功效

(1)营养滋补 经过发酵酿制,营养成分充分释放,例如,"闽族红"酒除米酒有乙醇和水外,还含有 18 种氨基酸,其中有 8 种是人体自身不能合成而又必需的氨基酸,可弥补人体所需。

(2)保健作用 米酒清爽甘甜,香味浓郁,适量饮用可活血祛寒,通经活络,御寒抗风感,利于血液循环,促进新陈代谢,补血养颜,延年益寿。

(3)抗氧化作用 米酒能清除活性氧自由基。据分析,黄酒含氮物质中有 2/3 是氨基酸,1/3 为多肽与寡肽。发酵法生产的黄酒,产出物中就有强抗氧化物质——谷胱甘肽。酵母具有较高的富硒能力,并能将无机硒转化为有机硒。而硒具有抗氧化活性,能防癌。研究还表明,黄酒中含有茶多酚类物质以及丰富的维生素 C、维生素 A 和维生素 E。这些物质均具有抗氧化作用。

2. 米酒制作工艺

(1)农家米酒制作工艺　主要是选好米(优质糙糯米)、选好水(无污染的优质山泉水)、选好曲(用曲菌制作液体曲,或用酵母菌制作酒母)。具体酿造要点如下:

①将糙糯米用清水浸8～10小时(以浸透为宜),然后将米洗干净,滤干水分。

②将浸好的糯米蒸熟成米饭,蒸透至无生米心,同时,将酒母捣碎成粉状待用。

③将蒸熟的糯米饭摊开散热或用清水降温,待米饭凉至不烫手时(米饭太热或太凉,都会影响发酵),即可拌入捣碎的酒饼。每35千克糯米需0.3千克酒饼,近似等于1∶0.01。

④将酒坛用开水烫过消毒,并放在太阳下晒干,先在坛底及坛壁撒一层酒饼粉,再将拌好酒饼的糯米饭装入酒坛中,边装边压紧,装完后中间挖个小洞,再撒一层酒饼粉,将酒坛盖好。此时,若天气较冷要用棉被包盖酒坛保温。

⑤装坛后24小时左右,就有酒香溢出,小洞中有酒汁淌出,待小洞淌满米酒汁后,再将包盖酒坛的棉被去除。若酒汁淌出少,则继续用棉被包盖酒坛保温。

⑥装坛后10～15天就可在酒坛中加入优质清水(山泉水)。一般1千克糯米加入0.5千克水,再浸15～20天即可去除酒糟,再将米酒煮熟(即加温70℃～80℃,可提高酒香味),而后分装,即可随取随饮。

(2)工厂化米酒制作工艺　基本工艺类似酒精的生产。厂家不同,品牌不同,工艺也有不同。

①龙岩“沉缸酒”。属甜型黄酒。酿制过程中,酒醅必须沉浮三次,最后一次沉于缸底,故而得名“沉缸酒”。沉缸酒生产始于龙岩市小池,迄今已有160多年历史。最初酿造的糯米甜酒入坛埋贮3年后饮用,酒醇味厚,但酒度低。后来在酒醅中加入20度

左右的米烧酒,制成"老酒"。再后来又改在糯米醅中掺入"三干"(将9千克糯米酿制成5千克50度的米烧酒,经3次兑酒)。沉缸酒以优质糯米为原料(例如,上世纪八九十年代以福建省农科院选育的闽糯580为主要原料),以红曲、白曲为糖化发酵剂制得的黄酒,酒度为14.5度,色泽红褐,清亮明澈,芳香幽郁,酒质醇厚,入口甘甜,适度常饮可滋补强身。

②屏南"惠泽龙"酒。福建惠泽龙酒业有限公司引进福建师范大学的"机械化大罐发酵新工艺酿造技术"成果,生产福建省名牌产品——"惠泽龙"。"惠泽龙"酒属黄酒,采用红曲、优质糙糯米和山泉水酿造而成。它与浙江等地黄酒的不同之处是糖化发酵用"曲"是"红曲",而不是"麦曲",加之有大罐发酵新技术,以及"天下绝景、宇宙之谜"的白水洋之畔的泉水,使得酿制出来的酒具有清爽、低糖、原味、本色、营养、"绿色"等六大特色,畅销全国。

③尤溪"闽族红"酒。由福建省尤溪县闽人酒厂生产。这种酒发源于尤溪县坂面乡。坂面乡是远近闻名的长寿村,村民长久以来都习惯喝自家酿制的糯米酒,因而个个身体康健,延年益寿。厂家经过调查研究,用现代生物技术破解民间生产这种酒的奥秘,加之优质糯米、优质山泉水,生产出营养丰富、舒筋活血的"闽族红"酒。这种酒柔、顺、绵、甜、净、香俱全,口感醇厚甘洌,回味无穷。

第三章 地瓜干加工新技术

第一节 地瓜干的传统加工技术与创新工艺

一、地瓜干的传统加工

我国甘薯种植历史悠久，面积达 6.0×10^6 公顷左右，总产量约为 1.0×10^8 吨，均居世界首位。甘薯适应性广、高产稳产、营养丰富，保健功能显著，用途广泛，在农业生产中具有重要地位。但是，甘薯不耐储存，不便长途运输。甘薯除鲜薯食用外，可以制成薯粉、酿造酒、醋、酒精，提炼乳酸、柠檬酸、味精、抗生素、糊精、饴糖、葡萄糖，制作膳食纤维、多糖、黏液蛋白、胡萝卜素、维生素C，更多的是加工成地瓜干及其系列产品，例如，福建省连城县是"中国红心地瓜干之乡"，常年加工地瓜干系列产品10万吨左右，产值5亿上下，成为全县一大支柱产业。

地瓜干的传统加工方法是将地瓜洗净、削皮后，刨成片状或条状，预煮，加蔗糖及柠檬酸、亚硫酸钠等护色防腐剂，煮沸0.5～1小时，然后放在煤炭炉上，烘烤24小时，待冷却后再包装。这种一家一户家庭作坊式的传统加工工艺，使产品存在着严重的"三高一低"问题，即含硫量高（$SO_2 > 1500$ 毫克/千克）、含糖量高（60%～70%）、含菌量高（严重超出国家相关标准）、含水量低（≤15%）。为防止产品发生褐变，其工艺采用亚硫酸钠护色和煤炭直接烘干,虽然产品色泽透明,外观好看,但也造成产品中二氧化硫含量高。同时,整个加工过程机械化程度低,加工场所混乱,产品大多敞开储存,卫生条件较差,易造成产品污染。为提高产品的保质期,产品采用高糖、低水分和加入过量的防腐剂,从而造成产品风味变样,口感较差,难以咀嚼和有害健康。据某县对加工厂卫生条件、加工设备、操作工艺流程、工人卫生意识等现场调查,并抽检 53 份红心地瓜干样品。结果合格品仅为 39 份,四分之一以上不合格的主要原因是防腐剂苯甲酸、二氧化硫和细菌总数含量超标。因此,传统地瓜干"三高一低"的加工工艺已不适应市场发展的需要,急待加以革新。

二、创新工艺及特点

进入 21 世纪,在绿色食品、有机食品风靡全球之际,采用新工艺将甘薯加工成地瓜干,使其具有独特的营养保健作用,是甘薯加工企业的首选。为全面提升地瓜干加工水平,福建超大集团等单位,承担了福建省重大科技项目——红心地瓜绿色栽培与加工产业链创新技术研究及规模开发。从 2002 年开始,经过 4 年的精心研究和示范,开发出低糖、低硫、低菌、"高"水分的地瓜干加工创新工艺。其工艺特点如下:

①具有无硫护色、臭氧灭菌、负压-常压保温浸糖、无菌真空包装、微波(分段)杀菌处理等关键功能。

②能对加工废弃物进行无害化处理,变废为宝。

③关键设备全部实现国产化,得以较快地投入规模化生产。

④产品质量全面提升,获得绿色食品证书,符合出口要求。

三、加工新工艺流程

将研发的新工序组合配套后所形成的地瓜干加工创新工艺流程如图 3-1 所示。其中,废弃物地瓜皮及边角料可用来加工成膳食纤维食品。

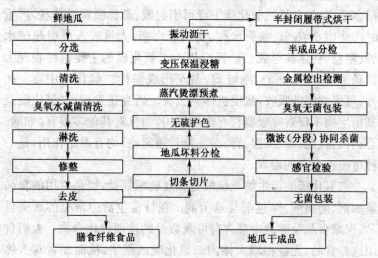

图 3-1　地瓜干加工创新工艺流程

第二节　低硫地瓜干加工新工艺

一、传统地瓜干加工产品中的二氧化硫（SO_2）

（1）二氧化硫的作用　亚硫酸盐是广泛使用且有效的食品褐变抑制剂。通常使用的亚硫酸盐类主要有亚硫酸钠（Na_2SO_3）、亚硫酸氢钠（$NaHSO_3$）、焦亚硫酸钠（$Na_2S_2O_5$）、保险粉（$Na_2S_2O_4$）等，其作用是抑制酶促褐变、非酶促褐变、防腐抗氧化等，保持产品光亮色泽。

（2）二氧化硫的危害　二氧化硫进入人体内后生成亚硫酸盐，并由组织细胞中的亚硫酸氧化酶将其氧化为硫酸盐，通过正常解毒后最终由尿排出体外。因此，少量的二氧化硫进入机体可以认为是安全无害的,但长期食用二氧化硫含量超高的食品具有很多危害,如急性二氧化硫中毒可引起眼、鼻黏膜刺激症状,严重时产生喉头痉挛、喉头水肿、支气管痉挛,大量吸入可引起肺水肿、窒息、昏迷甚至死亡。经口摄入二氧化硫的主要毒性表现为胃肠道反应,如恶心、呕吐等,甚至形成慢性二氧化硫中毒。此外,可影响钙的吸收,致使机体钙丢失。研究还发现,二氧化硫及其衍生物不仅对呼吸器官有毒副作用,而且对其他多器官(如脑、心、肝、胃、肠、脾、胸腺、肾、睾丸及骨髓细胞)均有毒副作用,是一种可损害全身的毒素。

二氧化硫的衍生物亚硫酸盐和亚硫酸氢盐,也是常用的食品添加剂、防腐剂、保色剂及杀菌剂。在日常生活中常见的罐头食品、保藏食品及啤酒中都含有可观数量的这两种化合物。人们食用这些食品,无疑将增大体内二氧化硫的聚集,从而加重对人体的危害。

近年来,发达国家对食品中二氧化硫的残留量有极严格的规定。日本对进口地瓜干食品中的二氧化硫残留量限定为≤30毫克/千克,而我国农业部颁布的《绿色食品——果脯》中二氧化硫含量≤1000毫克/千克。美国规定在食品中二氧化硫残留量超过10毫克/千克时,必须在食品包装物上注明本食品含有二氧化硫的警告语。同时美国食品和药品管理局和世界卫生组织联合食品添加剂专家委员会(JECFA)对二氧化硫的日容许摄入量(ADI)范围规定为0~0.7毫克/千克体重,即60千克体重的成人,每天二氧化硫的摄入量不超过42毫克。传统的地瓜干产品中二氧化硫残留量一般都>1000毫克/千克,若每日每人食用50克这类地瓜干,二氧化硫摄入量就超过50毫克,就对人体健康有危害。

(3)二氧化硫的来源

①栽培基地土壤和空气受到含硫物质的污染。

②栽培中不适当的施用含硫肥料，含硫物质易被甘薯从土壤中吸收，经转化后残留在甘薯内。

③传统地瓜干加工工艺添加用于护色防腐的亚硫酸盐类，包括二氧化硫（SO_2）、偏重亚硫酸钠（$Na_2S_2O_5$）、偏重亚硫酸钾（$K_2S_2O_5$）、亚硫酸氢钠（$NaHSO_3$）、亚硫酸氢钾（$KHSO_3$）、亚硫酸钠（Na_2SO_3）和亚硫酸钾（K_2SO_3）等。

④传统地瓜干加工一般采用煤炭直接烘干技术，由于煤炭在燃烧过程中产生大量的二氧化硫等含硫物质，直接对产品造成污染。

后两种来源是造成地瓜干产品中二氧化硫超标的主要原因。经测定，采用传统加工的地瓜干的硫含量可达到 1300 毫克/千克以上，远远超过国标和出口标准。

二、新型有机酸护色、防腐剂

研制的新配方由柠檬酸、植酸、巯基氨基酸、乳酸、丙酸、醋酸等有机酸以及钠盐、钾盐、镁盐、钙盐组成。有机酸、盐类的添加量如下：

(1)护色剂　由柠檬酸、植酸、巯基氨基酸联合组成护色剂。pH 值稳定在 4.0～4.5。柠檬酸添加量为水溶液重量的 0.1%～0.5%，植酸添加量为水溶液重量的 0.025%～0.1%，巯基氨基酸添加量为水溶液重量的 0.005%～0.1%。柠檬酸、植酸和巯基氨基酸的作用为均具有较强的螯合金属离子能力，能促进食品褐变金属离子络合成为稳定的有机酸化合物，抑制和终止地瓜干在加工过程中的褐变，同时，三者均具有调节酸度的能力，促使 pH 值稳定并保持品质。

(2)硬化剂　由乳酸钙（或醋酸钙）或乳酸镁（或醋酸镁）作为硬化脆化剂，添加量为水溶液重量的 0.1%～0.5%。乳酸钙、醋酸钙或乳酸镁、醋酸镁等的钙、镁离子能与食品果胶发生反应，生成网状结构的果胶钙或果胶镁,从而起到硬化和脆化食品组织的作用,使地瓜干在加工过程中不易被煮烂或断裂,并具有一定的硬度和脆性。硬化处理后原料不会产生异味,也不会产生变色现象。

(3)防腐剂 由乳酸盐、丙酸盐、醋酸盐组成抗菌防霉添加剂。乳酸盐添加量为水溶液重量的 $0.2\%\sim0.5\%$,丙酸盐添加量为水溶液重量的 $0.05\%\sim0.1\%$,醋酸盐添加量为水溶液重量的 $0.1\%\sim0.2\%$。这些盐类均具有较强的抗菌防霉效果,特别是这些有机酸的钠盐、钙盐效果更显著。如果多种有机酸盐同时使用,会互相协调并有增效作用。此外,它们的钠盐与钙盐能降低、地瓜干水分中氧的溶解量,对防止产品贮藏期内发生氧化褐变、改变氨基酸的溶解性,防止地瓜干羰氨反应的发生,保持鲜艳色泽均具有一定作用。

三、将煤炭烘干改为热风交换烘干

传统的地瓜干采用煤炭炉直接烘干,煤炭燃烧产生的二氧化硫被地瓜干吸收造成含量严重超标。采用热风交换气调烘干技术,即将送入热风交换炉的冷空气预先经脱氧处理,以减少其中氧气含量,同时增加还原性气体一氧化碳(CO)和惰性气体二氧化碳(CO_2)的成分,然后与煤炉热风进行热交换,送入连续履带式烘干脱水机。这样不仅避免了地瓜干的二氧化硫污染,而且地瓜干还处于还原气体的包围之中,减少了在烘干脱水中氧化褐变,保持了地瓜干产品的天然色泽。

四、臭氧降解硫技术

臭氧(O_3)在医疗、工业上作为消毒剂,已有较多的应用。经多年的试验发现,在传统地瓜干加工中使用亚硫酸盐护色,可使二氧化硫含量严重超标,使用臭氧可使这些产品中的硫降解。

含硫地瓜干"脱"硫工艺可以采用臭氧水浸渍处理,或用臭氧水喷洒处理。处理温度为5℃,pH值为5.5。

①臭氧水浸渍"脱"硫效果见表3-1。若臭氧水浓度和处理时间增加1倍,处理效果也成倍提高。

表3-1 臭氧水浸渍"脱"硫效果

处　　理	二氧化硫残留量/(毫克/千克)	
	处理前	处理后
0.5毫克/千克臭氧水5分钟	>600	<100
1毫克/千克臭氧水10分钟	>600	<50
过氧化氢1%~1.5%的水溶液30分钟	>600	<20

注:表中各处理均为15个样品的平均值。

②臭氧水喷洒"脱"硫效果见表3-2。喷洒效果随臭氧水浓度的提高和时间的延长而提高,但效果不如浸渍处理法。

表3-2 臭氧水喷洒"脱"硫效果

处　　理	二氧化硫残留量/(毫克/千克)	
	处理前	处理后
0.5毫克/千克臭氧水5分钟	>600	<150
1毫克/千克臭氧水10分钟	>600	<100

注:表中各处理均为15个样品的平均值。

③臭氧水连续浸渍"脱"硫效果见表3-3。采用连续三次浸渍处理,效果均优于单次浸渍或喷洒。将臭氧水浓度调至1毫克/千克,效果更好,二氧化硫含量<20毫克/千克。

表3-3 臭氧水连续浸渍"脱"硫效果

处　　理	二氧化硫残留量/(毫克/千克)	
	处理前	处理后
0.5毫克/千克臭氧水浸渍3分钟,连续3次	>600	<50
1毫克/千克臭氧水浸渍3分钟,连续3次	>600	<20

综上所述,臭氧水对地瓜干中二氧化硫残留有强烈的氧化作用,可以降解硫含量。在一定范围内,浸泡(喷洒)浓度、时间与其氧化效果呈正相关。浓度越高,氧化效果越好;浸渍(喷洒)时间越长,氧化效果也越好;浸渍要比喷洒氧化效果好;连续浸渍比单次浸渍氧化效果好。以臭氧水浓度为 1 毫克/千克,连续用新臭氧水浸渍 3 次,每次 3 分钟的效果为佳,可以把地瓜干产品中的二氧化硫残留量从≥600 毫克/千克降至 20 毫克/千克以下,达到出口日本等国≤30 毫克/千克的严格要求。同时,由于臭氧水中含有一定数量的钙离子,二氧化硫残留氧化后生成硫酸盐类,基本上都形成无毒副作用的硫酸钙盐,使用安全度高。

第三节 低糖地瓜干加工新工艺

一、高糖地瓜干的弊病

大量医学研究证明,摄入过多的糖分会削弱人体的免疫力,特别是使孕妇机体抗病力降低,易受病菌、病毒感染,不利于优生。高糖食物还可刺激人体内胰岛素水平升高,使体内热能、蛋白质、脂肪、碳水化合物代谢出现紊乱,造成糖耐量降低、血糖升高、血糖调节功能下降,诱发糖尿病;同时,高糖可在肝内合成低密度脂类物质,使血中甘油三酯等脂类物质增多。甘油三酯增高能使血流减慢,血黏稠度增加,微血管中红细胞和血小板发生聚集和阻塞现象,增加肝病发病率。

目前,我国有高达 50%的人口罹患蛀牙;有 5.4%的人口(即7000 多万人)患有肥胖症,城市地区的肥胖症已超过 17%;糖尿病在中国迅速蔓延,患病人口不断增加,1997 年就已达 2000 万～3000 万。这些疾病的增加,主要原因是人体日常吸入过量的糖分。

地瓜干是具有好风味、富营养和保健功能的食品,越来越受到消费者的青睐。但是,传统地瓜干的"高糖",以及可引发的多种疾病,已为现代消费者所忌避。

地瓜干按归类属于果脯食品。果脯食品按含糖量划分,含糖量在50%以上者定为高糖果脯,在50%以下者定为低糖果脯。传统地瓜干产品的含糖量均在60%～75%,属高糖果脯。由于高糖食品会造成人们肥胖、糖尿病等病症,已不适应现代人们的消费需求。为此,福建超大现代农业科技研究所开发出浸糖液新配方、变压保温浸糖法和糖液复鲜技术,使地瓜干含糖量降为40%以下,达到低糖目的。

二、低糖地瓜干浸糖问题及解决方法

(1)低渗透压 由于生产低糖红心地瓜干的浸糖液浓度较低,糖液的渗透压大大下降,很难渗透到地瓜组织中去。因此,可采用负压-常压保温浸糖和添加小分子亲水物质增加渗透压,以达到快速渗糖的目的。

(2)产品饱满度 传统的高糖地瓜干由于含糖量高,内部组织饱满充盈,所以成品的饱满度较好。而低糖地瓜干的含糖量低,易干瘪,产品的饱满度较差。可采用复合有机酸盐浸糖液新配方和负压-常压保温浸糖工艺,在糖煮的过程中,复合有机酸盐及其糖分子可一起渗入组织内部,填充原料组织,防止糖分较低发生的干瘪现象。此外,复合有机酸盐可起硬化作用,使原料内部形成骨架,充分渗糖,提高饱满度。

(3)产品保质期 普通高糖果脯之所以保质期长,是利用高糖分所产生的强大渗透压来抑制微生物的生长和繁殖。一般糖制品若含蔗糖量达60%～65%,其产生的强大渗透压是大多数微生物所不能忍受的,制品也就不易败坏。而低糖地瓜干则由于含糖量大大降低,抑制微生物生长的效应降低,它的贮藏性能也随之下降。可采取以下措施：

①通过添加能提高渗透压的物质，如柠檬酸钠、丙酸盐等。糖煮时，在糖液中可添加适量柠檬酸，一方面改善口感，另一方面可促进大分子糖的水解、转化，增加小分子糖分含量，也可提高渗透压，达到抑菌目的，而且酸本身也可增强产品的耐贮性。

②降低物料的水分活度。研究表明，水分活度(Aw)越小，产品保质期越长，当 Aw 为 0.65 左右时，产品保质期可达 10 个月。对于地瓜干来说，外加成分为糖，其实糖本身就是一种亲水性物质，传统方法加工的地瓜干就是依靠它创造的低 Aw 环境得以保存的。而低糖地瓜干因糖分下降，失去了低 Aw 环境，就要借助其他亲水性物质(如乳酸钠、丙三醇等)来创造低 Aw 环境。亲水性物质的增加，使地瓜干中自由水转化为束缚水的能力加强，自由水的减少，导致各种微生物难以繁殖。当地瓜干中水分含量达 19%，Aw 低于 0.65 时，地瓜干中的多数微生物的活动和生存都受到限制，果脯保存期得以延长。

(4)返砂 地瓜干在保质期内随着时间的延续，水分自然蒸发、蔗糖结晶析出，出现"返砂"现象。返砂是低糖地瓜干经常出现的问题。在地瓜干加工过程中，为提高渗透压，可采用葡萄糖代替部分蔗糖，而葡萄糖极易返砂和褐变。因此，采用食用甘油作为水分保持剂和糖霜防止剂，可以不必在配方中添加还原性糖，避免非酶褐变的发生。同时，甘油具有降低水分活度的功能，协同有机酸(盐)等亲水性物质调节和降低地瓜干水分活度。

三、低糖浸糖液的新配方

新配方无硫、低糖，能有效护色、抗菌、防霉、保持一定水分活度和含水量，提高糖液的渗透压，使糖液易于渗透地瓜胚料组织内部。其配比(以下百分率指占液体总重量的百分数)如下：

(1)蔗糖 30%～40%。

(2)护色剂 由柠檬酸、植酸和巯基氨基酸联合组成的护色剂和 pH 值调节剂。柠檬酸添加量为 0.1%～0.5%，植酸为 0.025%～0.1%，巯基氨基酸为 0.005%～0.1%，pH 值可稳定在 4.0～4.5。

(3)抗菌防霉添加剂 由乳酸盐、丙酸盐、醋酸盐组成抗菌防霉添加剂。乳酸盐添加量为 0.2%～0.5%，丙酸盐为 0.05%～0.1%，醋酸盐为 0.1%～0.2%。

(4)降低水分活度添加剂 由柠檬酸钠、乳酸钠、醋酸钠中的一种或几种组成降低水分活度添加剂(也可以防止褐变的产生)，其添加量为 0.25%～0.5%。

(5)食用甘油 作为水分保持剂和糖霜(还砂)防止剂，添加量为 0.5%～1.5%。

四、负压-常压保温浸糖工艺

1. 常用的渗糖方法

渗糖方法按加热方式不同分为浸糖法(蜜制法)和煮糖法。

(1)浸糖法 包括传统式、干腌式、真空式和凉果式浸糖法。

(2)煮糖法 按压力不同又分为常压、真空和高压煮糖法。

①常压煮制。有一次煮制、多次煮制、冷热交替煮制和微波速煮等。

②真空煮制。有软式真空煮糖制、高糖浆一次真空煮制、浓缩式真空煮糖制、先抽空后真空糖制法、真空压差法煮制和微波真空法等。

③高压煮制。包括真空高压交替法和二氧化碳高压法等。

目前，一些中小地瓜干加工企业较多采用常压煮糖法，真空加压浸糖法推广应用还不广泛，只在一些大型果脯生产企业中应用。

2. 真空加压渗糖和常压煮制的工艺特点

①真空渗糖的原理与传统煮制渗糖的原理不同。传统煮制

渗糖是以加热的方式,使果脯物料内部的空气受热增压而排出,然后在浸渍冷却过程中,依靠体细胞间蒸汽的冷凝而形成部分真空,再借外界压力渗糖。而真空渗糖是用抽真空的方式把地瓜干物料周围环境的压力降低,地瓜干物料内的气体由于内外压力差而外逸,解除真空后,糖液通过压力差而渗入地瓜干内,真空渗糖的速度快。在低糖地瓜干的生产中,工艺上多采用真空渗糖处理。

②采用真空渗糖技术,对抑制褐变也具有很好的效果。氧和高温是发生褐变的两个重要因素。真空渗糖时,将预煮冷却后的原料先抽真空,然后在保持一定真空度的条件下将沸腾过的热糖浆喷入。由于蒸发作用,以及糖浆与冷的原料间的热交换作用,使得坯料温度只有 60℃左右,比传统浸糖明显降低。氧含量减少和温度的下降使褐变反应速度减慢,褐变的绝对量也大大下降,因而起到了很好的护色作用。

③传统常压煮制渗糖工艺设备简单,成本低,但糖煮效果不理想。常压下熬煮,由于温度较高,破坏了物料组织结构,使大部分薯香挥发。同时,大部分维生素 C 和营养物质遭到破坏,且处理过程中原料暴露在空气中的时间较长,氧化褐变也较严重。真空加压浸糖可以防止褐变、缩短浸糖时间、加速亲水胶体的渗透,可有效保持原有薯香风味和营养成分。但是,需要投资一定的设备,工艺技术要求严格、操作复杂,在线管理困难,加工成本较高,在中小企业的推广难度大。为整合两者的优点,可采用负压-常压保温浸糖工艺。

3. 负压-常压保温浸糖工艺

负压-常压保温浸糖是在真空加压浸糖工艺基础上发展而来、先减压后常压浸糖新工艺。该工艺采用将熟化 70%～80%的地瓜干坯料进行抽真空减压处理 15～20 分钟,脱除其中的空气,在 650 毫米汞柱(mmHg)负压条件下,注入 85℃浓度为 45%的糖液,让坯料处在高渗透压的糖液中,利用压力差进行渗糖,然后在常压条件下保温浸糖。该技术把负压渗糖和常压渗糖两者组合在一起强化渗糖效果,加快渗糖速度,使糖液在短时间内达到渗糖工艺要求。其浸糖时间可以根据地瓜干不同含糖量和不同丰满度要求而定,一般总时间控制在30分钟。由于负压-常压保温浸糖工艺大大缩短了地瓜干生产的渗糖时间,保护了红心地瓜干中的营养成分和药用物质,防止了长时间渗糖浸泡造成营养成分流失和非酶褐变。

该工艺具有渗糖快速、渗糖均匀、防止褐变、减少养分损失、保持制品的色泽、缩短生产周期等特点,而且不需要加压措施,相应地降低了生产成本。

4. 影响负压-常压保温浸糖工艺效果的因素与调控

(1)温度 糖液温度对渗糖效果的影响明显,除压力差外,温差也是渗糖的主要动力。坯料与糖液的温差越大,渗糖速度越快。采用负压-常压浸糖工艺,当糖液温度调控在85℃时,浸糖效果最佳,此时,浸糖时间达到30分钟,坯料中糖与糖液即达到了平衡状态,有效地缩短了生产工艺周期。

(2)糖浓度 糖液浓度不仅影响低糖地瓜干的外观色泽和口味,也影响其坯料的吸糖渗糖效果。采取过高的糖浓度,虽可以加快渗糖速度,但色泽及外观均有所下降;糖浓度过低则达不到渗糖效果。经研究,调控浸糖液浓度为45%～50%,浸糖效果较好。

(3)负压和浸糖时间 采用负压渗糖时,为更快地使糖液达到平衡、坯料的含糖量达到要求,需要在常压下进行保温浸糖,其浸糖时间对地瓜干质量有较大的影响。浸糖时间不够,进入地瓜干内部的糖分和填充物大大减少、吸糖不足,使产品饱满度降低,外观色泽缺乏透明感,口感韧硬;浸糖时间过长,又会使地瓜干软烂松散,缺少规整外形,影响地瓜干质量。负压保温时间控制在10～15分钟,常压保温时间控制在15～20分钟最为适宜。

经过负压-常压保温浸糖工艺渗糖的地瓜干坯料,含糖量达到35%～40%,且坯料外形平整、饱满、颜色金黄,从而保证了地瓜干产品的优良品质。

五、废糖液复鲜利用技术

在地瓜干生产中,浸渍过的糖液浓度还较高,含有一定量的胶体物质、悬浮杂质等,呈黏稠度较大的褐色糖浆状,还会沾染细菌。这种废糖液若将其废弃,会造成重大损失;如果直接重复使用,又会严重影响产品质量,以往都是将废糖液直接排放废弃处理,而现在可采用复鲜技术使其再利用。

利用臭氧杀菌、除臭、漂白的独特功能,结合紫外线(UV)、羟基(OH)等相关技术,集成自动化恢复、净化系统(O_3-UV-OH),对废糖液进行处理,使之随时处于新鲜状态。每天数次采用净化集成自动恢复系统对糖液进行氧化和杀菌再生处理。处理后的糖液色度≤5度,清澈透明,与对照新鲜调制糖液的色度和糖度无明显差异,保存7天,含菌率与自来水国家标准相似,说明无二次污染,可以重复利用。

该套系统运行的主要成本是耗电,主要原材料是洁净空气。一台设备可保鲜糖液4吨,使之长期处于新鲜状态。每台设备平均运行成本≤12元/天。既节约生产投入成本,又不污染环境,一举两得。

第四节　低菌地瓜干加工新工艺

一、原料薯的臭氧杀菌技术

低硫低糖地瓜干产品容易染菌。因此,必须解决杀菌难题。可同步采用臭氧灭菌技术(包括臭氧减菌技术、臭氧超净技术)、无菌真空包装技术和微波(分段)杀菌技术。

臭氧是氧气的同位异性体。在自然条件下，它是淡蓝色的气体，具有鱼腥味，在常温和常压下，臭氧在水中的溶解度是氧气的13倍。臭氧具有很强的氧化能力，仅次于氟。在正常情况下，臭氧很不稳定，其在水中的半衰期是35分钟，但随着水中温度的降低，其稳定性越来越高，在冰中几乎不分解，半衰期推算可达2000年。臭氧技术在地瓜干的无菌加工过程中主要体现在原料薯的臭氧减菌技术和环境的臭氧超净技术。

1. 臭氧的杀菌原理

臭氧是一种强氧化剂。臭氧灭菌过程属生物化学氧化反应，反应形式有以下几种：

①臭氧能氧化分解细菌内部葡萄糖所需的酶，使细菌灭活死亡。

②直接与细菌和病毒作用，破坏它们的细胞壁、核糖核酸(DNA)和脱氧核糖核酸(RNA)，使细菌的新陈代谢受到破坏，导致细菌死亡。

③透过细胞膜组织、侵入细胞内，作用于外膜的脂蛋白和内部的脂多糖，使细菌发生通透性畸变而死亡。

④能渗入微生物细胞壁，阻碍物质交换，使活性强的硫化物基团转变为活性弱的二硫化物的平衡遭到破坏，氧化微生物的有机体，导致细菌死亡。

2. 臭氧杀菌的优点

①采用臭氧杀菌，由于臭氧稳定性差，很快会分解为氧气或单个氧原子，而单个氧原子能自行结合成氧分子，不存在任何有毒残留物，是一种无污染的杀菌剂。

②具有杀菌广谱性，不仅可杀灭细菌繁殖体和芽孢、病毒、真菌等，而且可破坏肉毒杆菌毒素。

③臭氧为气体，能迅速弥漫到整个空间，灭菌无死角。而传

统的化学剂灭菌、紫外线杀菌，或采用化学熏蒸都不彻底，有死角，工作量大，而且有残留污染或有异味，有损人体健康。

3. 臭氧杀菌效果

甘薯和地瓜干中可能含有各种微生物，臭氧对不同类型的微生物杀灭的效果不同。研究表明，臭氧对人和动物的致病菌，如金黄色葡萄球菌、大肠杆菌、乙肝病毒、沙门氏菌等具有很强的杀灭效果，对具有很强化学抗药性的真菌也具有较强的杀灭效果。

(1)细菌 用 2.0～7.0 毫克/升浓度的臭氧水浸泡甘薯 60分钟以上，一般细菌的致死率为 90%～99%，大肠杆菌的致死率为 90%～99.9%。杆菌芽孢对臭氧有较强的抵抗能力，需较长时间处理才能显示杀菌效果。梭状菌的芽孢在水中处理时，只要臭氧含量达到 4～5 毫克/升，水温 10℃，处理 6～8 分钟可完全杀死细菌。枯草芽孢杆菌在臭氧含量 50 微克/升、温度 10℃、相对湿度 80%～90%的条件下，处理 60 分钟，也可以完全杀灭。在空气中，用含量 0.05 微克/升的臭氧处理，完全杀死大肠杆菌需要 3 天，黄色葡萄球菌需要 15 天。

(2)酵母 用臭氧含量 0.3～0.5 毫克/升处理 5～10 分钟后，平滑假丝酵母、栗酒裂殖酵母、酿酒酵母、鲁氏接合酵母、贝酵母、红酵母等大部分菌株被杀死。空气中处理酿酒酵母和粘红酵母，臭氧含量 0.6 微克/升，处理 15 分钟可完全杀死。

(3)真菌 青霉属用 0.3～0.5 毫克/升臭氧处理 60 分钟后，大部分被杀灭，只有弧青霉具有较高的成活率。曲霉属用 0.3～0.5毫克/升臭氧处理 30 分钟后，几乎全部被杀灭，而泡盛曲霉抵抗力稍强，需要处理 180 分钟才能被杀灭。

4. 净化系统(O₃-UV-OH)对原料薯的减菌处理技术

集成自动恢复、净化系统是一种高级氧化技术，通过臭氧(O_3)和紫外线(UV)的结合，产生足够的—OH 来进行水体、空气和器物的净化和杀菌，由于羟基自由基的氧化能力比臭氧还强，用羟基(—OH)来进行杀菌具有无选择性和快速。

从田地中收获的鲜甘薯带有大量的微生物，采用臭氧水对原料薯进行杀菌、减菌处理，可把绝大部分微生物杀灭。试验表明，经臭氧处理过的原料薯，其微生物总数从 $10^5 \sim 10^6$ 减到 $10^2 \sim 10^3$，残存的微生物细胞组织也受到了严重的损伤，可被后续的杀菌工艺所杀灭，从而达到商业无菌的要求。

二、加工环境的臭氧超净处理技术

低糖低硫地瓜干加工是在高温高湿和富营养环境下进行的，极易使真菌大量繁殖。生产过程物流、人流量较大，器具繁多，也易染菌。以往采用过滤空气、紫外线和次氯酸钠消毒生产车间，均达不到理想效果，而应用臭氧超净技术，可取得明显的杀菌效果，达到了万级洁净生产车间标准要求。

(1)加工水的净化　地瓜干加工需要大量的水，水质卫生指标是地瓜干卫生质量的保证，使用自采地下水经杀菌净化处理才能达到洁净指标。其臭氧处理工艺是将普通井水经简单过滤处理后，在水池或水塔内添加微量臭氧，对原水重金属及氨氮有害物质进行初级处理。同时，对反应池投加空气中的氧气，以保持水的活性和新鲜度。当车间用水时，靠反应水池自然落差进入车间，同时，系统自动启动臭氧装置，在原水进入车间的途中，再投加臭氧≥0.6毫克/升进行精处理，瞬间杀灭水中微生物。试验结果表明，经处理后的水浊度≤5，色度≤3，大肠杆菌≤3 个菌落形成单位(cfu)，重金属等均优于国家标准。当加工车间用水需要纯度较高时，系统自动让处理过的水再经过包括 RO 膜过滤的净水装置，进一步净化。在加工用水净化处理中，臭氧主要作用如下：

①杀菌。使细菌杀灭、病毒过滤、孢子失活。

②微絮凝作用。使水中溶解的有机物、无机物发生聚合作用，产生沉淀，净化水质。

③氧化无机物。使水中存在的铁、镁、重金属、有机物、氰化物、硫化物发生氧化,去除毒性。

④有机物的氧化。去除水中的色度、味道和气味、农药和杂质,使水质更清洁无污染。

(2)车间空气的净化 为阻止车间外的带菌空气进入车间,必须使车间内空气处于微正压状态,促使车间内的空气向外流动,避免内外空气的对流,防止内部空气的污染。同时,由于车间内湿热的环境,内部会大量繁殖各种真菌和细菌,并产生大量的异味。

采用臭氧-紫外线-羟基(O_3-UV-OH)联合处理技术,对车间内部的浮游微生物进行杀灭和异味驱除,使无菌工作间无活的菌落,以保证地瓜干在加工、包装过程中不受污染。同时,在包装车间内利用羟基的特性设计了强行的室内空间循环杀菌系统,以维持空间的洁净度。

各原料加工和粗加工车间进行相对密封处理。每天上午工作之前1小时系统自动启动,对室外新鲜空气进行初级过滤处理,然后添加臭氧 ≤ 0.15 克/米^3(符合国家安全标准臭氧≤ 0.2克/立方米),远距离送入车间。并在车间休班间隙,系统自动启动向车间输入高浓度臭氧,对人员、物料流动产生的残留微生物进行瞬间消毒处理,同时每小时补给洁净空气量$\geq 30\%$。

经臭氧-紫外线-羟基(O_3-UV-OH)系统处理车间2小时的菌落数,比对照下降40倍,并低于国家标准(≤ 200 个菌落形成单位(cfu)/米^2)。在该车间制作地瓜干的菌落总数降到20个菌落形成单位(cfu)/米^2,比对照的150个菌落形成单位(cfu)/米^{2}下降近7倍。

(3)器物和场所的净化 采用新设计的高浓度臭氧气体和臭氧水发生装置,利用臭氧气体定期对地瓜干加工车间的墙体、地面、设备以及工作服、工作鞋进行表面容菌级消毒杀菌,效果可达

91.67％～100％；利用臭氧水对生产工具和操作人员双手进行消毒杀菌，成本低，无死角，效果好。

三、无菌真空包装技术

真空包装也称为"减压包装"，是将包装袋内的空气抽走后再密封，使食品与空气隔绝的包装方法。采用真空包装的地瓜干由于与外界隔绝，相对处于无氧的环境下，从而大大减少了细菌和微生物滋生繁衍的机会，同时也防止了地瓜干因内部成分发生氧化反应而劣变，从而保护了地瓜干的色、香、味，并减少了养分损失。应用真空包装技术也有利于后续微波杀菌热量传递，避免了气体膨胀使包装袋破裂。

为创造无菌包装环境，除包装环境净化外，用于包装的材料也需要进行杀菌处理。该工艺采用臭氧 - 紫外线 - 羟基（O_3-UV-OH）联合杀菌技术，对包装材料进行预杀菌，使之达到无菌要求。

应用臭氧杀菌技术不论是地瓜干制作，还是包装，其菌落总数均比对照下降 8～17 倍。对某些糖度特别低、水分特别高的地瓜干，则可采用填充氮气的无菌包装技术，确保包装后食品中无活菌存在。

四、地瓜干包装后的微波（分段）杀菌技术

在地瓜干加工中，尽管前几道工序有严格的杀菌处理，但在后处理、包装等工序中，也有可能被空气中的真菌孢子、细菌等二次污染。况且臭氧杀菌是一种冷杀菌技术，其本身也存在着不稳定性，一些耐受力强的孢子和微生物不会被杀死而有少量残留。因此，本工艺在地瓜干包装后，采用微波终端杀菌技术进行彻底灭菌处理，延长低糖、低硫地瓜干产品的保质期。

（1）微波杀菌的机理 微波杀菌是一种热效应杀菌。微波作

用于食品,使其表面和内部同时吸收微波能,温度升高,食品中污染的微生物细胞在微波场的作用下,其分子也被激化并作高频振荡,产生热效应。温度的快速升高使微生物体内蛋白质结构发生变化,从而使之失去生物活性,菌体死亡或受到严重的干扰而无法繁殖。同时,微波产生的电磁辐射也会改变细菌的生理活动,使生理性物质发生变化,干扰破坏正常的代谢,以致被杀灭。

(2)微波(分段)杀菌操作方法 研究表明,微波杀菌效果与杀菌的微环境湿度大小呈明显性相关。当杀菌微环境含湿率≤25%时,含湿率愈高,杀菌效果愈好。采用微波对真空包装的地瓜干进行杀菌,微波产生的热蒸汽可在袋内营造一个较高的含湿率和均匀的湿热微环境,从而提高了微波杀菌的效率。同时在真空包装袋内,微波所产生的热效应迅速把物料中水分汽化,并产生85℃～95℃的热蒸汽,使每个包装袋都成为一个小小的巴氏灭菌装置,为第二次杀菌形成微波-蒸汽协同杀菌模式,即微波(分段)杀菌模式,达到既具有微波快速杀菌的效果,又有巴氏灭菌的均匀性。这一杀菌模式由专门设计的微波-蒸汽协同杀菌设备来完成。

微波(分段)杀菌时间在3～7分钟范围内,地瓜干真菌数<10个菌落形成单位(cfu)/克,比对照降低11倍,达到绿色食品的相应标准要求。为节省时间和节约成本,处理时间选择3分钟为宜。

第五节 高水分地瓜干加工新工艺简介

传统的地瓜干烘干工艺是以煤炭为燃料,采用烘箱、烘房及一些老式干燥设备加工而成。其产品含水分低(约16%),质地较硬,难咀嚼,而且营养物质及色、香、味损失较大,且易染菌。但是提高地瓜干含水量又容易引起褐变和微生物的繁殖而腐败变质。

解决上述矛盾、提高地瓜干含水量的方法主要有使用有机酸为主的新配方和采用连续履带式烘干脱水机两种。

试验指出，使用有机酸为主的新配方可使含水分达到30％以上，而保质期达半年以上。

新研制的连续履带式烘干脱水机具有自动调节风量、温度、相对湿度、带速控制系统；能自动上料、自动卸料。每个烘干工作段物料都是单层，热气流自下而上穿过网带及其上面的物料，热交换均匀充分，脱水速度快，排湿效果好。经应用单位测定，当烘干至含水量达20％～25％时，烘干时间在4小时以内。由于烘干时间比厢式干燥的12小时缩短了2/3，不仅减少了能源消耗，而且在烘干过程中由葡萄糖与氨基酸羰氨缩合反应引起的褐变和酚类物质氧化褐变大大减少，从而改善了地瓜干产品的色泽和适口性。

第四章 小麦和面制品加工技术

小麦是世界上种植面积最大、分布范围最广、总产量最高、提供营养最多的粮食作物之一。人体需要的蛋白质 20％以上是由小麦提供的，相当于肉、蛋、奶产品为人体提供蛋白质的总和。我国小麦种植面积和总产量仅次于水稻，属第二大粮食作物，北方人多以小麦为第一大主食。1993 年以来，我国已成为世界第一大小麦生产国，同时也是全世界第一大小麦消费国和第二大进口国。小麦加工是先生产小麦面粉，然后再加工成品种繁多的面制食品。

我国小麦分为三大自然产麦区，即北方冬麦区，包括河南、山东、河北、陕西、山西等；南方冬麦区，包括江苏、安徽、四川、湖北；春麦区，包括黑龙江、新疆、甘肃等。一般来说，不同产地的小麦加工品质不尽相同。北方冬麦区小麦的蛋白质含量高，质量好。其次是春麦区。南方冬麦区小麦的蛋白质和面筋质含量较低。

第一节　面粉加工技术

一、小麦制粉前的清理

小麦制粉一般都需要通过清理和制粉两个流程。将各种清理设备合理地组合在一起，构成清理流程，如初清、毛麦清理、润麦、净麦等，称为麦路。清理后的小麦通过研磨、筛理、清粉、打麸（刷麸）等工序，形成制粉工艺的全过程，称为粉路。

(1)清理前的小麦搭配 小麦制粉的原料来源、产地、品种、水分、面筋、籽粒品质等,都对生产过程、产品质量,以及各项技术指标的稳定性有一定影响。小麦搭配就是将各种原料小麦按一定比例混合搭配,其目的如下:

①保证原料工艺性质的稳定性。

②保证产品质量符合国家标准,如红麦与白麦搭配,可保证面粉色泽;高面筋含量与低面筋含量搭配,可保证产品达到适宜的面筋含量;灰分不同的小麦搭配,可得到符合规定灰分含量的面粉。

③合理使用原料,提高出粉率。原料搭配可避免优质小麦及劣质小麦单纯加工造成浪费,以及与国家标准不符等问题。

要根据各品种的质量测定和生产目标要求,按合理比例进行搭配,特别是机粉色泽要求、面筋含量、水分、灰分等。

一般小厂采用下麦坑小麦搭配,中大厂采用毛麦仓小麦搭配或润麦仓小麦搭配,用配麦器在出口处控制搭配比例。

(2)小麦清理 将原粮小麦中的各种杂质进行一系列处理,以达到入磨净麦要求。

小麦的杂质主要有泥土、沙石、砖瓦、金属、根、茎、叶、壳、野草种子、异种粮粒等。其粒径大小又有不同,大杂质粒径为 4.5 毫米,中杂质为 2.0～4.4 毫米,小杂质为 1.5～1.9 毫米。

清理方法主要有利用吸风分离器等机械的风选法、利用振动筛等机械的筛选法、利用密度去石机等机械的密度分选法、利用碟片滚筒精选机等机械的精选法、利用打麦机等机械的撞击法、利用永磁滚筒等机械的磁选法、利用剥麦机等机械的碾削法。

小麦制粉前的清理流程如下:

毛麦→下麦井→初清筛→垂直吸风道→永磁滚筒→自动秤→立筒库→毛麦仓→配麦器→自动秤→振动筛→密度去石机→碟片滚筒精选机→螺旋精选机→磁钢→打麦机→平转筛→

强力着水机→润麦仓→磁钢→打麦机→平转筛→永磁滚筒→喷雾着水机→净麦仓→净麦秤→皮磨

　　小麦清理后研磨前还有一道工序，即加水润麦，使小麦的水分重新调整，改善其物理、生化和制粉工艺性能，以获得更好的制粉效果。在润麦仓内，一般采用水杯着水机、强力着水机或着水混合机，所需的时间一般为 16～24 小时。

二、面粉生产工艺

　　麦粒的结构包括皮层、糊粉层、胚及胚乳。胚乳含有淀粉和面筋蛋白，是组成具有特殊面筋网络结构面团的关键物质。因此，胚乳是制粉所要提取的部分。

　　制粉是将净麦破碎，去除皮层、糊粉层和胚，再将胚乳研磨成面粉。制粉流程包括研磨、筛理、清粉和打麸（刷麸）等环节。

　　(1)研磨　研磨是利用研磨机械对小麦物料施以压力、剪切和剥刮作用，将清理和润麦后的净麦剥开，把其中的胚乳磨成面粉，并将黏结在表皮上的胚乳粒剥刮干净。研磨机械有盘式磨粉机、锥式磨粉机和辊式磨粉机。目前制粉厂多用辊式磨粉机。辊式磨粉机的主要部件是磨辊。工作时，两根磨辊相向不等速转动，对物料产生强烈的摩擦作用，将小麦磨成粉。

　　小麦磨成粉的过程是利用机械力量破坏小麦各部分之间结合力的过程。研磨效果一般用剥刮率和取粉率两个指标来衡量。剥刮率是指物料经某道皮磨研磨后，穿过粗筛物料的数量与本道皮磨流量的百分比；取粉率指物料经某道研磨后，穿过粉筛物料的数量占本道流量的百分比。

　　(2)筛理　筛理是用一定大小筛眼的筛子，将研磨后不同体积的混合物料分选出来，经过筛理，将面粉筛出；将未磨制成面粉的在制品，根据颗粒大小分选出来，分别送入下一道磨继续进行剥刮和研轧，然后再多次过筛。

①筛子按大小及用途分为粗筛、分级筛和粉筛。

粗筛是将皮磨后的麸片分离出来的筛面。粗筛一般用10～20目数的钢丝筛网分离粗麸片，用24～36目数的钢丝筛网分离细麸片。

分级筛是将麦渣麦心按粒度大小进行分级的筛面。分级筛一般用28～40目数的特料筛绢。

粉筛是分离面粉的筛面。加工标准粉时用54～72目数的筛绢，提取特级粉时用9～11目数的双料筛绢。

生产上，常用以上3种筛面组合成一定的筛理路进行筛理，筛物与筛下物分别流向出口或进入层筛面继续筛理。

②筛理设备按类型不同分为高方平筛、挑担平筛、小型平筛和小型打板圆筛。

高方平筛采用方形筛格，并以层筛格重叠成较高的筛体。筛体由木制或金属织成两个筛箱。这种设备分级、取粉的级数多，大流量的物料在正常波动范围内不会堵塞，不窜粉、不漏粉，且筛体不结露、不积垢、不生虫。

挑担平筛有4个筛体，每个筛体内2仓或3仓。每仓内可入10余层长方形格。

小型平筛是小型磨粉机的组成部分，只有一个筛体，筛格为长方形，四角下吊干支座，筛体悬挂在钢架下，筛体做平面回转运动。

小型打板圆筛为200型磨粉机的配套筛理设备，由前后轴承架、主轴、筛筒、外壳、打板等组成。物料在圆筛内的运动是靠打板推动的，强迫粒度小于筛孔的物料通过。

(3)清粉 清粉是靠在物料进入心磨磨制面粉前，将碎麸皮、连粉麸和纯净的粉粒借吸风与筛理分开，得到的纯净粉粒，进入心磨制粉，提高粉质。

清粉由筛理和吸风作用共同进行。清粉设备主要由筛格和吸风装置组成。筛格配以不同规格的筛绢。工作时,筛格振动,分离物料并抖松筛上物料,气流从筛绢下向上将物料中的细小麸皮及连粉麸吹起,并进入不同的收集器。

(4)打麸　打麸(刷麸)是利用旋转扫帚或打板,把黏附在麸皮上的粉粒分离下来,并使其穿过筛孔成为筛出物,而麸皮则留在筛内,是处理麸皮的最后一道工序。

打麸机里面装有快速旋转的刷帚,当物料自进口落在刷帚上盖时,受离心力的作用,物料被抛向刷帚与筛筒的间隙中,在刷帚快速旋转的作用下,麸皮上的胚乳即被刷出孔外,落入粉槽,由附在筛筒下面的刮板刮到出口。刷后的麸皮留在筛筒内,由内部的出口输出。

打麸机外壳为木质结构,筛筒一般配置蚕丝和化纤交织的筛网。打麸机适合小型制粉企业使用。

(5)配粉　配粉是根据客户对小麦粉质量的要求,结合配粉仓内的基本粉的品质(如蛋白质、粉色、灰分等),算出配方,再按配方上的比例用散存仓内的基本粉配制出所要求的面粉或专用粉。

配粉系统由基本粉收集、保质处理、基本粉散存、成品小麦粉打包和散装发放、面粉的输送、吸尘,以及管理等环节构成。

第二节　焙烤食品加工技术

面制品是指以小麦面粉为主要原料制作的一大类食品,根据加工方式可分为焙烤食品和蒸煮食品。

焙烤食品是指以面粉为基本原料,加上油、糖、蛋、奶等一种或几种辅助原料,采用焙烤工艺定形和成熟的固态方便食品,主要包括面包、饼干、糕点三大类。传统的烙饼、火烧、月饼也属于焙烤食品。

一、面包加工

1. 面包的分类

(1)按面包的柔软度分类　为硬式面包和软式面包。

①硬式面包。如法国棒式面包、荷兰脆皮面包、维也纳的辫形面包、英国的茅屋面包、意大利的橄榄面包等。

②软式面包。大部分亚洲和美洲国家生产的面包,如小圆面包、热狗、汉堡包、三明治等。

(2)按质量档次高低分类　为主食面包和点心面包。

①主食面包的配方中以面粉、水、酵母、盐为主,其他辅料较少,如咸面包、快餐面包等。

②点心面包的配方中含有较多的油、糖、蛋、奶等辅料,如各种保健面包、水果面包、起酥面包等。

(3)按成形难易及配料多少不同分类　为普通面包和花色面包。普通面包成形简单,配料的种类相对较少,如意大利咸面包等。花色面包成形操作复杂,配料品种较多,形状多种多样,如各种夹馅面包、起酥面包、果料面包等。

2. 面包加工工艺

(1)面包配方的设计　面包配方是指制作面包的各种原、辅料之间的配合比例。要设计一种面包的配方,首先要根据这种面包的色、香、味和营养成分、组织结构等特点,充分考虑各种原、辅料对面包加工工艺及成品质量的影响,在选用基本原料的基础上,确定添加哪些辅助原料。例如,根据主食面包清淡可口的特点,以面粉为主料,加入水、酵母、食盐和少量砂糖制成大众食品;点心面包品种繁多,风味各异,在配料中使用较多的糖、油脂、鸡蛋、奶粉等,以提高产品档次;营养强化面包是将一定量的具有保健功能和特殊营养功能的成分添加到面包中,制成各种营养保健面包,如高蛋白面包、麦麸面包、胚芽面包、糙米面包、中草药面包等。

面包配方中面粉的用量一般用 100 表示,其他配料以占面粉用量的百分之几表示。以甜面包配方为例:面粉 100、水 58、白砂糖 18、鸡蛋 12、奶粉 5、酵母 1.4、食盐 0.8、复合改良剂 0.5。

(2)面包制作工艺流程 面包的制作包括 3 个基本工序,即面团搅拌、面团发酵和成品焙烤。根据面包品种特点和发酵过程不同,工艺流程又分为 3 种,即一次发酵法(直接法),二次发酵法(中种法)和快速发酵法。

①面包的一次发酵。一次发酵法的优点是发酵时间短,提高设备和车间的利用率,提高生产效率,且产品的咀嚼性、风味较好。缺点是面包的体积较小,且易于老化,批量生产时,工艺控制相对较难,一旦搅拌或发酵过程出现失误,无弥补措施。其工艺流程如下:

配料→搅拌→发酵→切块→搓圆→整形→醒发→焙烤→冷却→成品

②面包的二次发酵法。二次发酵法的优点是面包体积大,表皮柔软,组织细腻,具有浓郁的芳香风味,且成品老化慢。缺点是投资大,生产周期长,效率低。其工艺流程如下:

种子面团配料→种子面团搅拌→种子面团发酵→主面团配料→主面团搅拌→主面团发酵→切块→搓圆→整形→醒发→焙烤→冷却→成品

③面包的快速发酵法。快速酵法是指发酵时间很短(20～30分钟)或根本无发酵的一种面包加工方法。整个生产周期只需 2～3 小时。其优点是生产周期短、生产效率高、投资少,可用于特殊情况或应急情况下的面包供应。缺点是成本高,风味相对较差,保质期较短。其工艺流程如下:

配料→面团搅拌→静置→压片→卷起→切块→搓圆→成形→醒发→焙烤→冷却→成品

(3)面团搅拌的投料、温控和时控 面团搅拌也称调粉或和面。它是指在机械力的作用下,将各种原、辅料充分混合,面筋蛋白和淀粉吸水润胀,最后得到一个具有良好黏弹性、延伸性、柔软、光滑面团的过程。面团搅拌是影响面包质量的决定因素之一,必须认真做好,使之达到最佳程度。

①面团搅拌的投料顺序。调制面团时的投料顺序因制作工艺的不同略有差异。一次发酵法的投料次序为先将所有的干性原料(面粉、奶粉、砂糖、酵母等)放入搅拌机中,慢速搅拌 2 分钟左右,然后边搅拌边缓慢加入湿性原料(水、蛋、奶等),继续慢速搅拌 3~4 分钟,最后在面团即将形成时,加入油脂和盐,快速搅拌(4~5 分钟),使面团最终形成。二次发酵法是将部分面粉和全部酵母、改良剂、适量水和少量糖先搅拌成面团,一次发酵后,再将其余原料全部加入和面机中,最后放入油脂和盐。

②面团温度的控制。适宜的面团温度是面团发酵的必要条件。在面团搅拌的后期,发酵过程已经开始。面团形成时,温度应控制在 26℃~28℃。在生产中,由于室温和面粉温度比较稳定且不易调节,一般用水温来调节面团温度。所需水温可由下式计算得出。

机器摩擦升温=(3×搅拌后面团温度)-(室温+粉温+水温)

然后由下式即可计算出应用多少度的水温才能达到面团搅拌后的理想温度。

所需水温=(3×面团理想温度)-(室温+粉温+机器摩擦升温)

③面团搅拌时间的确定。面团最佳搅拌时间应根据搅拌机的类型和原、辅料的性质来确定。目前,国产搅拌机绝大多数不能够变速,搅拌时间一般需 15~20 分钟。如果使用变速搅拌机,只需 10~12 分钟。变速搅拌机一般慢速(15~30 转/分钟)搅拌 5 分钟,快速(60~80 转/分钟)搅拌 5~7 分钟。

(4)面团的发酵及影响因素 面团发酵是面包生产的关键工序。发酵是使面包获得气体、实现膨松、增大体积、改善风味的基本手段。酵母的发酵作用是指酵母利用糖(主要是葡萄糖)、经过复杂的生物化学反应最终生成二氧化碳气体的过程。发酵过程包括前期的有氧呼吸和中后期的无氧呼吸。

在面团发酵初期,酵母的有氧呼吸占优势,并迅速繁殖很多新芽孢。随着发酵过程的进行,无氧呼吸逐渐占优势。采用二次发酵工艺制作的面包,质量较好的原因在于第一次发酵使酵母繁殖,面团中含有足够的酵母数量增强发酵后劲,通过对一次发酵后面团的搅拌,一方面可使大气泡变成小气泡,另一方面可使面团中的热量散失,并使发酵糖再次和酵母接触,使酵母进行无氧呼吸。

①适宜酵母产气的因素包括面团的发酵温度,一般控制在26℃～28℃;酵母发酵的最适 pH 值为 5～6;影响酵母活性的渗透压主要由糖和盐决定;糖用量为 5%～7% 时产气能力大;食盐用量控制在 1% 以下。否则,酵母活性就有明显的被抑制作用。

②影响面团持气的因素包括面粉、乳粉和蛋品、戊聚糖的作用和面团的搅拌。面粉中蛋白质的数量和质量是面团持气能力的决定性因素。面粉的成熟不足或过度都会使面团的持气能力下降。成熟不足应使用氧化剂;成熟过度时应减少面团改良剂的用量。乳粉和蛋品均含有较多蛋白质,对面团发酵具有 pH 值缓冲作用,均能提高面团的发酵耐力和持气性。戊聚糖是一种植物胶,对面粉的焙烤特性有显著影响。在弱筋粉中添加 2% 的水溶性戊聚糖,能使面包的体积增加 30%～45%。面团搅拌到面筋网络充分形成而又不过度时,面团的持气性最好。

(5)面包的整形和成形 面包直至成形,包括整形、分块、称量、搓圆、醒发、压片、成形等几个阶段,其中醒发贯穿全过程。

①整形。将发酵好的面团做成一定形状的面包坯。整形面团继续进行发酵。所以,整形期间要求保持温度 26℃～28℃,相对湿度 85%。

②分块。应在尽量短的时间内完成。主食面包的分块一般15～20分钟完成；点心面包一般30～40分钟完成。由于面包在烘烤中有10%～12%的质量损耗，故在称量时应将这一质量损耗计算在内。

③搓圆。使不整齐的小面块变成完整的球形，恢复在分割中被破坏的面筋网络结构。手工搓圆的要领是手心向下，用五指握住面团，向下轻压，在面板上顺一个方向迅速旋转，将面团搓成球状。

④醒发。也称为静置。面团经分块、搓圆后，一部分气体被排除，内部处于紧张状态，面团缺乏柔软性，立即压片成形，外皮易被撕裂，不易保持气体。因此，需中间醒发，其温度为27℃～29℃，湿度为80%～85%，时间为12～18分钟。

⑤压片。是提高面包质量、改善面包纹理结构的重要手段。压片可将面团中原来不均匀的大气泡排除掉，使中间醒发产生的新气泡在面团中均匀分布。压片分手工压片和机械压片。机械按技术参数压片的效果好于手工压片。

⑥成形。将压片的小面团做成所需要的形状，使面包的外观一致。一般花色面包多用手工成形，主食面包多用机械成形。成形后还需要一个最后醒发过程，使其达到应有的体积和形状。醒发的温度为38℃～40℃，湿度为80%～90%，时间为55～65分钟。

(6)面包的焙烤和冷却

①焙烤。是指将醒发好的面包坯放在烤炉中成熟的过程。入炉初始，面团快速膨胀，时间不超过10分钟；随后的焙烤温度大致为180℃～220℃，时间为15～50分钟。焙烤温度和时间与辅料成分多少、面包形状和大小等因素有关，必须在实践中摸索。

②冷却。由于刚出炉的面包表面温度一般高于180℃，表皮硬而脆，内部含水量高，瓤心很软，稍微受力面包就会被压扁而失

去弹性、固有的形态和风味。因此,出炉后需经过冷却,再进行挪动和包装。

3. 面包制作实例

(1)咸面包制作实例(一次发酵法)

①配方:面包专用粉 100,水 58,鲜酵母 2,面粉改良剂 0.25,盐 2,糖 2,黄油 2。

②操作要点。除油外,将所有的原料放入和面机内慢速搅拌 4～5 分钟,加油后,中速搅拌 7～8 分钟,使面筋网络充分形成,面团温度达 26℃。基本发酵温度 28℃,湿度 80%,发酵 2 小时。分割、揉团后,中间醒发约 10 分钟,再整形。置于 38℃下后发酵约 55 分钟。焙烤温度 200℃,时间 15 分钟。若焙烤温度达 220℃,烤 5 分钟即可。

(2)甜面包制作实例(二次发酵法)

①种子面团配方:专用粉 75,水 45,鲜酵母 2,面粉改良剂 0.25。

②主面团配方:专用粉 25,糖 20,人造奶油 12,蛋 5,奶粉 4,盐 1.5,水 12。

③操作要点。种子面团原、辅料慢速搅拌 3 分钟,中速搅拌 5 分钟成面团。面团温度 24℃,然后在 28℃下发酵 4 小时。将糖、盐、蛋、水等主面团辅料搅拌均匀,然后加入种子面团,拌开,再加入奶粉、面粉,慢速搅拌成团,加油后改成中速搅拌至搅拌结束,温度保持 28℃,然后在 30℃时发酵 2 小时。分块、搓圆后,中间醒发 12 分钟,成形。在 38℃、相对湿度 85%的条件下最后发酵 30 分钟。炉温 200℃～205℃时,时间为 10～15 分钟。

(3)起酥面包制作实例

①配方:专用粉 100,人造奶油 15,蛋 12,牛奶 51,鲜酵母 10,奶油 20,奶油馅料 35。

②操作要点。使用浆状搅拌机(不使用钩状搅拌机)将面粉、

牛奶、鸡蛋放入搅拌机中,先慢速搅拌,然后中速搅拌,使之形成面团,最后加入人造奶油,继续搅拌成成熟面团。在 1℃～3℃ 下低温发酵 12～24 小时。将面团压成长方形面片,将冷冻的奶油在面片上铺一薄层,然后用三折法折起。折叠后的面团静置 20 分钟压片,切成 10 厘米×10 厘米的正方形,每块中间包入一小块奶油馅料,对角拉起折向中间成花瓣形,放置烤盘上,而后在温度 35℃、相对湿度 80% 时,醒发 30 分钟,再在表面刷一层蛋液,增加面包的光泽。温度 175℃～180℃ 时焙烤 10～15 分钟。面包冷却后,可在表面撒一层糖粉,再包装。

二、饼干加工

1. 饼干的分类

饼干按原料配比不同的分类见表 4-1。

表 4-1 饼干按原料配比不同的分类

分类	油∶糖	油糖∶面粉	产 品 特 征
粗饼干	0∶10	1∶5	糖、油等辅料少,加少量盐,以咸为主基调,保存性好,如供野餐或旅行用的清水饼干
韧性饼干	1∶2.5	1∶2.5	经辊压冲印或辊切而成,饼干的断面有较整齐的层状结构,常见的品种有葱油脆饼干、奶油饼干、什锦饼干等
酥性饼干	1∶2	1∶2	糖、油用量多,辊印而成,口感酥脆,一般甜饼干属于这一类,如椰子饼干、橘子饼干、乳脂饼干等
甜酥饼干	1∶1.35	1∶1.35	甜酥可口,用大量的油和糖,属于高档饼干,常见的品种有桃酥、奶油酥、椰蓉酥等
发酵饼干	10∶1	1∶5	经两次搅拌,两次发酵后,冲印或辊切而成,具有酵母发酵食品的特有香味,内部结构层次分明,表面有较均匀的起泡点,如苏打饼干

2. 饼干加工工艺

(1)韧性、酥性及苏打饼干的配方 饼干所使用的面粉为低筋粉,生产中需用较多的香精、香料、色素、抗氧化剂、化学疏松剂等。

①韧性饼干的配方见表 4-2。

表 4-2 韧性饼干的配方 （千克）

原 料	蛋奶饼干	玛利饼干	不的波饼干	白脱饼干	字母饼干	动物、玩具饼干
小麦粉	100	100	100	100	100	100
白砂糖	30	28	24	22	26	18
饴糖	2	3	5	4	2	6
精炼油	18	7	—	—	—	—
磷脂	2	—	—	—	2	2
猪板油	—	7	14	5	—	2
人造奶油	—	—	—	10	—	—
奶粉	3	2	—	—	—	—
香兰素	0.025	0.002	0.002	—	—	—
香蕉香精/ML	—	—	—	—	100	—
柠檬香精/ML	—	—	—	—	—	80
鸡蛋香精/ML	—	100	—	—	—	—
香草香精/ML	—	—	80	—	—	—
白脱香精/ML	—	—	—	100	—	—
食盐	0.5	0.3	0.3	0.4	0.25	0.25
碳酸氢钠	0.8	0.8	0.8	1	1	1
碳酸氢铵	0.4	0.4	0.4	0.4	0.6	0.8
抗氧化剂 BHT	0.02	0.002	0.001	0.002	0.002	0.002
柠檬酸	0.004	0.004	0.003	0.004	0.004	0.002
酸式焦亚硫酸钠	—	—	0.003	0.004	0.003	0.003

②酥性饼干的配方见表 4-3。

表 4-3 酥性饼干的配方 （千克）

原料	奶油饼干	葱香饼干	蛋酥饼干	蜂蜜饼干	芝麻饼干	早茶饼干
小麦粉（弱）	96	95	95	96	96	96
淀粉	4	5	5	4	4	4
白砂糖粉	34	30	33	30	35	28
饴糖	4	6	3	2	3	4
精炼油	—	6	—	4	10	8
猪板油	8	12	10	12	6	8
人造奶油	18	—	8	4	4	—
磷脂	—	1	0.5	0.5		0.5
奶粉	5	1	1.5	2	1	1.5
鸡蛋	3	2	4	2	2	2.5
香兰素	0.035	0.02	0.04	0.03	0.025	0.05
食盐	0.5	0.8	0.4	0.5	0.6	0.7
香精	—	—	适量 （鸡蛋味）	—	—	适量 （香草味）
蜂蜜	—	—	—	8	—	—
葱汁	—	3	—			
白芝麻	—	—	—		4	
碳酸氢钠	0.3	0.4	0.4	0.4	0.4	0.5
碳酸氢铵	0.2	0.2	0.2	0.3	0.3	0.3
抗氧化剂	0.002	0.002	0.0025	0.002	0.002	0.002
柠檬酸	0.003	0.003	0.003	0.003	0.003	0.003

③苏打饼干的配方见表4-4。

表4-4　苏打饼干的配方　　　　（千克）

分区	原料	咸奶苏打饼干	芝麻苏打饼干	葱油苏打饼干	蘑菇苏打饼干
第一次调粉	弱筋小麦粉	40	35	40	50
	白砂糖	205	1.5	1.5	3.5
	鲜酵母	1.5	1.2	2	2.5
	食盐	0.75	0.5	0.75	0.8
第二次调粉	低筋小麦粉	50	55	50	40
	饴糖	3	2	1.5	3
	精炼油	8	8	10	—
	猪板油	4	5	4	6
	人造奶油	6	5	—	10
	奶粉	3	2	1	1.5
	鸡蛋	2	2.5	2	3
	白芝麻	—	4	—	—
	洋葱汁	—	—	5	—
	鲜蘑菇汁	—	—	—	3
	碳酸氢钠	0.4	0.3	0.25	0.4
	碳酸氢铵	—	—	0.2	0.2
	面团改良剂	0.002	0.0025	0.002	0.002
	抗氧化剂	0.003	0.0035	0.003	0.004
擦油酥	低筋小麦粉	10	10	10	10
	板猪油	1	5	5	2
	人造奶油	4	—	—	3
	食盐	0.35	3	0.5	0.5

（2）饼干制作工艺流程　不同类型的饼干加工工艺有较大差别，但饼干制作的基本工艺流程如下：

原、辅料预处理→面团的调制→辊轧→成形→焙烤→喷油→

冷却→包装

①韧性饼干加工工艺流程如图 4-1 所示。

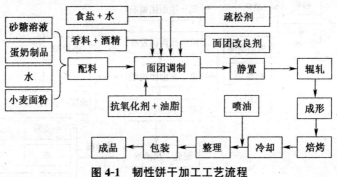

图 4-1　韧性饼干加工工艺流程

②酥性饼干加工工艺流程如图 4-2 所示。

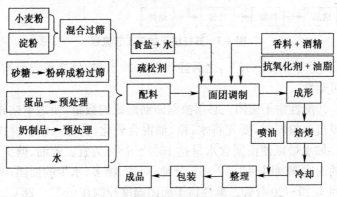

图 4-2　酥性饼干加工工艺流程

③苏打饼干加工工艺流程如图 4-3 所示。

(3)饼干面团的调制　面团的调制是将各种原、辅材料混合成具有某种特性的过程。

①韧性饼干面团。面筋形成比较充分,具有较强的延伸性和韧性。投料顺序是先将面粉倒入搅拌,而后缓慢加入油、糖、蛋、奶和热水(或热糖浆),再搅拌均匀。调制时间一般为 30～50 分

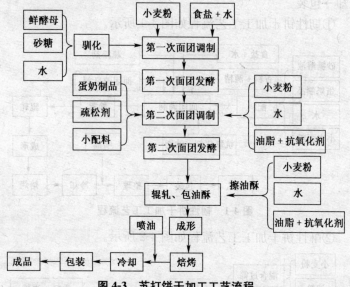

图 4-3　苏打饼干加工工艺流程

钟,温度为 38℃～40℃,之后静置 18～20 分钟,使之形成面筋,增加可塑性。

②酥性饼干面团。必须控制面筋形成的数量,使之不粘轧辊和模具。投料时,要先将水、糖、油混合乳化,再加入面粉搅拌均匀。加水量以使面团含水量达 16％～18％为宜。若油、糖少、水多的面团调制时间为 12～15 分钟;而油、糖多、水少的面团,调制时间为 15～20 分钟。酥性饼干面团温度控制在 26℃～28℃。甜性饼干面团温度控制在 20℃～25℃。调制好后静置几分钟至十几分钟。

③苏打饼干面团。用酵母发酵的饼干一般采用二次搅拌和二次发酵工艺。第一次先将面粉(宜选低筋面粉)40％～50％与活化酵母液混合,加入配方水,搅拌 4～5 分钟,然后在相对湿度75％～80％、温度 26℃～28℃条件下发酵 4～8 小时。第二次是将首次发酵的面团和剩余的面粉、油等其他辅料倒入搅拌机中搅

拌,并缓慢撒入化学疏松剂,使 pH 值达 7.1 或稍高。搅拌时间为
4～5 分钟,而后在温度 28℃～30℃下静置发酵 3～4 小时,即可
制成弹性适中、结构疏松的面团。

(4)饼干的成形　不同类型的饼干成形方式不同。韧性饼
干、苏打饼干一般需辊轧或压片,酥性饼干和甜酥饼干一般直接
成形,而咸化饼干则需挤浆成形。

(5)饼干的焙烤、冷却和包装

①焙烤。饼干焙烤的主要作用是降低产品水分,使其熟化,
并赋予产品特殊的香味、色泽和组织结构。在焙烤过程中,化学
疏松剂分解产生的大量二氧化碳使饼干的体积增大,并形成多孔
结构,淀粉胶凝、蛋白质变性凝固,使饼干定形。在工业化生产
中,饼干的焙烤基本上都是使用可连续化生产的隧道式烤炉。整
个隧道式烤炉由 5 或 6 节可单独控制温度的烤箱组成,分为前
区、中区和后区 3 个烤区。前区焙烤温度为 160℃～180℃;中区
是焙烤的主区,焙烤温度为 210℃～220℃;后区焙烤温度为
170℃～180℃。配料不同、大小不同、厚薄不同的饼干焙烤温度、
焙烤时间不尽相同。韧性饼干的饼干坯中面筋含量相对较多,焙
烤时水分蒸发缓慢,一般采用低温长时间焙烤;酥性饼干由于含
油、糖多,含水量少,入炉后易发生"油摊"现象,因此,可采用高温
短时焙烤;苏打饼干入炉初期底火应旺,面火略低,使饼干坯表面
处于柔软状态,有利于饼干坯体积膨胀和二氧化碳气体的逸散。

②冷却和包装。刚出炉的饼干表面温度在 160℃以上,中心
温度也在 110℃左右,必须冷却后才能进行包装。刚出炉的饼干
水分含量较高,且分布不均匀,口感较软,在冷却过程中,水分进
一步蒸发,同时使水分分布均匀,口感酥脆。冷却后包装还可防
止油脂的氧化酸败和饼干变形。冷却通常是在输送带上自然冷
却,也可在输送带上方用风扇吹风冷却,但不宜用强烈的冷风吹,
否则饼干会发生裂缝。饼干冷却至 30℃～40℃时即可进行包装、

储藏和上市出售。

三、糕点加工

1. 糕点的分类

（1）蛋糕　蛋糕是以鸡蛋、面粉、砂糖为主要原料制成的具有浓郁蛋香味、质地松软或酥散的焙烤方便食品。根据其配料的不同又可分为以下几类：

①海绵蛋糕，又称清蛋糕，具有丰富的、细密的气泡结构，质地松软，富有弹性。

②油脂蛋糕，质地酥散、滋润，带有油脂尤其是奶油的特有香味。

③水果蛋糕。在油脂蛋糕中加入一种或几种水果制成的果味蛋糕。根据果料加入的多少又可分为重型、中型和轻型 3 种水果蛋糕。

④装饰大蛋糕。以海绵蛋糕或油脂蛋糕为糕坯，经过适当装饰制成的具有一定艺术品位的喜庆蛋糕。糕体装饰华贵而又高雅，精美而又别致。

（2）点心　点心是继面包和蛋糕之后发展起来的一大类焙烤食品，品种丰富，各有特色。点心配方中蛋用量少，有的甚至完全不用，质地酥松，主要依靠油脂、糖和化学疏松剂的作用。点心按商业习惯又分为中式点心和西式点心。

①中式点心。多以面粉为主要原料，以油、糖、蛋为辅料，油脂侧重于植物油和猪油，调味料多用糖渍桂花、玫瑰、味精、十三香等，风味以甜味和天然香味为主，成熟方式有焙烤、蒸煮和油炸。

②西式点心。选料以专用面粉、油、糖、蛋、奶并重。油脂侧重于奶油，同时使用较多的巧克力、鲜水果等。在风味上带有浓郁的奶香味，也常带有香精、香料形成的各种风味。成熟方式以

焙烤为主。

2. 糕点加工工艺

(1)糕点制作工艺流程　各类糕点的制作工艺虽有所不同，但总的工艺流程仍可归纳如下：

原料的选择→混料→成形→熟制→冷却→装饰

(2)桃酥制作实例　桃酥又称为杏仁酥。

①桃酥配方。面粉 50 千克、猪油 25 千克、白砂糖 25 千克、鸡蛋 5 千克、臭粉 0.5 千克、小苏打 0.5 千克、杏仁 3 千克。

②制作要点。将油、糖、蛋、奶等充分混匀成乳状液，倒入面粉，边翻边拌，尽量避免揉、搓动，防止造成面团渗油或起筋，影响制品疏松。将拌好的面团摊在不锈钢工作台上，用手稍稍压平后，盖上一层塑料布，然后用擀杖从一边向另一边反复擀压，擀成厚度为 1cm 的面饼。将杏仁瓣撒在擀好的面饼上，再盖上塑料布，用擀杖轻轻滚压，使杏仁瓣嵌入面饼。将印模放在面饼上使劲压下，将面饼分成若干个大小均匀的饼坯。将成形后的生坯放入烤盘，立即送入烤炉焙烤，进炉温度 150℃左右，烤 3～4 分钟，然后将温度升至 180℃，烤 5～6 分钟，出炉冷却至 30℃～35℃，即可包装出售。

第三节　蒸煮食品加工技术

一、蒸煮食品的类型及特点

(1) 挂面

①普通挂面。以面粉为原料，加上水和少量的盐或碱，经过搅拌、压片、切条、烘干、切断等工序。挂面的特点是煮熟后色泽白亮，结构细密，光滑，适口，软硬适中，有咬劲且富有弹性，不混汤，有典型的麦清香味。

②风味挂面。在普通挂面配料的基础上,添加果汁、菜汁、调味料等风味辅料制成的挂面,如日本已经开发出了葡萄、蜜橘、草莓、苹果、番茄风味的挂面。另外,也可以在挂面配料中添加虾粉、肉末、胡椒粉等各种香辛料。每种风味挂面具有独特的风味,可满足不同消费者的口味。

③营养保健挂面。这是目前国内外开发品种最多的一类挂面,在挂面配料中添加具有保健价值或辅助治疗作用的功能性成分,如麦胚挂面、黑芝麻挂面、螺旋藻挂面、薏米挂面等,还有糖尿病辅助治疗挂面、减肥挂面、降胆固醇挂面等。

(2)方便面 方便面又称为速煮面或即食面,是为适应快节奏的现代生活而开发出来的一种即食面制品。优质方便面面块为均匀的乳白色或淡黄色,无焦生现象;气味正常,无霉味、哈喇味等异味;复水快,不混汤,不粘连;筋道,有咬劲。

方便面根据其汤料成分及风味可分为牛肉面、三鲜面、排骨面、鸡味面、香菇面等。加工工艺可分为油炸方便面和非油炸方便面。非油炸方便面又分为热风干燥方便面和微波干燥方便面。新近日本开发出的新鲜即食面,以其新鲜非油炸,食味好,耐保藏而受消费者青睐。

(3)馒头 馒头是我国传统的蒸煮食品。它以面粉、水、酵母为原料,经和面、发酵、成形、汽蒸而成。优质馒头体积大,表皮光滑,亮白;内部组织软硬适中,气孔小而均匀,有咬劲;具有典型的麦香味。

(4)蒸包 蒸包是在发酵或半发酵面皮里包上馅料,然后汽蒸成熟的一种食品。根据馅料的不同又分为素包和肉包。素包有韭菜鸡蛋蒸包、虾三鲜蒸包、胡萝卜等各种蔬菜蒸包,以及豆沙、果酱等各种甜蒸包。肉包以猪肉包为主,另外还有少量的鱼肉包、羊肉包、狗肉包等。质量上乘的蒸包要求不掉底,不漏油,外观整齐,亮洁光滑,皮薄馅多,口味纯正,鲜嫩适口,香而不腻。

二、挂面加工

(1)挂面制作工艺流程 挂面是将湿面挂在面杆上干燥,即先将各种原、辅料加入面机中充分搅拌,静置熟化,然后将成熟面团通过两个大直径的辊筒压成约 10 毫米厚的面片,再经压薄辊连续压延面片 6～8 道,使之达到 1～2 毫米的厚度,再通过切割狭槽进行切条成形,干燥切齐包装后即成成品。挂面制作工艺流程如下:

原、辅料→和面→熟化→压片→切条→烘干→切断→包装→成品

(2)操作要点

①和面和熟化。将各种原、辅料(加入少量食盐或碱)均匀混合,通过和面机的搅拌、揉和作用而形成干湿适度的面团坯料。和面的加水量为 30%～35%,用水温度为 25℃～30℃,夏季用时为 7～8 分钟,冬季用时为 10～15 分钟。经过和面机的搅拌可使面团温度上升为 37℃～40℃,此为面筋形成的最佳温度。熟化是将和好的面团静置 20～30 分钟,促进内部结构均衡,进一步形成面筋。

②压片和切条。是将松散的面团转变成湿面条的过程,即通过多道轧辊对面团多道的挤压,使面团中松散的机筋成为细密的、沿压延方向排列的束状结构,并将淀粉包络在面筋网络中,提高面团的黏弹性和延伸性。成片的面团即可在切面机上完成切条。

③干燥和包装。目的是使发湿面条水分蒸发。一般采用在烘房内干燥,需经预干燥(温度控制在 20℃～30℃)、主干燥(温度控制在 35℃～45℃)和终干燥(利用余热干燥)三个阶段。高温高湿干燥大约需 3.5 小时,低温慢速干燥则需 7～8 小时。干燥好的面条含水分为 13%～14%。切成长度 20 厘米或 24 厘米,再称

量、包装得到成品。

三、方便面加工

(1)方便面制作工艺流程 方便面是将成形的面条通过汽蒸,使其中的蛋白质变性,使淀粉熟化,然后借助油炸或热风将煮熟的面条迅速脱水干燥,使制得的产品不但便于保存,而且也便于复水食用。方便面制作工艺流程如下:

配料→和面→熟化→轧片→切条折花→蒸面→切断折叠→脱水干燥→冷却→包装

(2)操作要点

①配料。水、盐、碱的添加量与挂面相似,另需加入改善面团性能的添加剂,如磷酸盐、乳化剂、增稠剂和抗氧化剂。不同产地方便面制作配方比较见表4-5。

表4-5 不同产地方便面制作配方比较

原 料	油炸型方便面				干燥型方便面
	上海	福州	厦门	广东	上海
面粉/千克	25	25	25	25	25
精盐/千克	0.625	0.35	1.5	0.75	1.25
鸡蛋/千克	1.3	—	蛋清2.5	—	3.5
CMC/克	100				25
碳酸钾或纯碱/克	15	35		50	
单硬脂酸甘油酯/克	—				25
色素/克	0.5	适量	—	适量	0.5
复合磷酸盐/克	7.5		6.5		10
BHA/克					0.625
BHT/克					0.625
柠檬酸/克					0.625
酒精(溶剂)/毫升	—				6.0
水/千克	7.5~8.0	8.25	6.5	6.5	6.0

②切条折花。用波纹成形机将面条加工成波浪形花纹,以防止直线形面条在蒸煮时相互黏结,折花后脱水快,食用时复水时间短。

③蒸面。在连续式自动蒸面机上蒸面,使淀粉受热糊化和蛋白质变性,面条由生变熟。

④切断、折叠。蒸熟的面块用切刀切成一定长度的面块,同时将切后的小面块对折起来,进入热风或油炸干燥工序。

⑤脱水干燥。热风干燥的干热空气温度应大于淀粉的糊化温度,即 70℃~80℃,相对湿度低于 70%,干燥时间为 35~45 分钟,面块的最终含水量为 8%~10%。油炸干燥是将蒸熟面块放入 140℃~150℃的棕榈油中脱水。由于油温较高,面块中的水分迅速汽化逸出,并在面条中留下许多微孔,因而其复水性好于热风干燥方便面。

⑥冷却和包装。在冷却隧道中借助鼓风机用冷风强制冷却 3~4 分钟,使干燥后的面条降至室温。从冷却机出来的面块落在检查输送带上,加上调味汤料包,如鸡肉汤料、牛肉汤料、三鲜汤料以及麻辣汤料等,再进入自动包装机进行袋装或筒装。

四、馒头加工

馒头以面粉、酵母、水为原料,有时也加少量的盐和糖。馒头的生产工艺和面包类似,只是馒头由汽蒸成熟,面包是焙烤成熟。馒头制作工艺流程如下:

(1)和面　将一定量的面粉倒入和面机中,搅拌 1~2 分钟,然后边搅拌边缓慢加入已用 30℃温水活化好的活性干酵母(用量为面粉量的 0.5%~1%),搅拌均匀后,加入温水和面。加水量一般为面粉量的 45%~50%,和面时间为 7~9 分钟,搅拌至无干面、表面光滑、面团略微沾手为宜。

(2)静置　将和好的面团放在温度 30℃、相对湿度 80% 左右的环境中静置 10 分钟,将搅拌中形成的面筋松弛利于成形操作。

(3)成形 用双辊螺旋揉搓成形,机切成大小均匀的圆形小面团块,再进入双辊式成形槽中,揉成馒头坯。

(4)发酵 将馒头坯放入 35℃左右、相对湿度 85% 的发酵室中发酵 70～90 分钟,直至出现酒香味、色泽白净、滋润、发亮为止。

(5)蒸制 预先将蒸具(蒸车或蒸笼)通入蒸汽,使内部温度达到 100℃,再放入发酵过的面团块,汽蒸 25～30 分钟即可。

第五章 大豆加工技术

我国大豆种植面积和总产量均居世界之首,在"五谷"中占有重要地位。

大豆营养丰富,一般约含蛋白质40%、脂肪20%、碳水化合物25%、粗纤维5%,还含多种矿物质和维生素,以及异黄酮、核黄素、皂苷等药用物质。特别是大豆蛋白质含量比绿豆高75.6%,比小豆高87.4%,比大米高385%,比玉米高356%,比高粱高373%,历来是植物蛋白的主要来源。因此,大豆充分开发加工利用,具有很高的商业价值。

第一节 大豆籽粒的成分及作用

一、大豆籽粒的化学成分

碳水化合物、蛋白质和脂肪是大豆籽粒的三大组成部分。据测定分析,大豆籽粒的化学成分见表5-1。

表5-1 大豆籽粒的化学成分　　　　　　(%)

成　　分	全粒	种皮	胚	子叶
水分	11.0	13.5	12.0	11.4
粗蛋白	35~45	8.84	40.76	42.81
粗脂肪	16~24	1.02	11.41	22.83
碳水化合物(含粗纤维)	20~39	85.88	43.41	29.37
灰分	4.5~5.0	4.26	4.42	4.99

(1)碳水化合物　大豆中碳水化合物的含量约占总质量的25%。

①可溶性蔗糖(约占 5%)、棉子糖(约占 1%)、水苏糖(约占 4%)、毛芯花糖等低聚糖类,以及淀粉(占 0.4%～0.9%)。其中,棉子糖和水苏糖是人体肠道内双歧杆菌的增殖因子,可提高人体的生理功能,具有良好的保健作用。

②不溶性的果胶质、纤维素等,虽不能被消化吸收,但有助于胃肠蠕动,亦具有保健作用。因此,豆渣是开发食物纤维的良好原料。

(2)蛋白质 大豆蛋白质可以分为清蛋白和球蛋白两类。一般清蛋白占蛋白质总量的 5%左右,球蛋白占 90%左右。球蛋白可用等电点法沉淀析出,再用超速离心分析法沉降出不同组分的球蛋白。大豆溶解性随 pH 值的变化而变化。pH 值 4～5 时溶解度最小,pH 值 7 以上溶解度大。引起大豆蛋白变性的物理因素有过度加热、剧烈震荡、过分干燥、超声波处理等;化学因素有极端 pH 值、有机溶剂、重金属、尿素、亚硫酸钠等。控制大豆蛋白质变性,对生产高品质的大豆蛋白质食品有重要作用。

(3)脂肪 大豆粗脂肪含量约为 20%,大豆油在人体内的消化吸收率可达 97.5%,为优质食用植物油。其中,饱和脂肪酸含量达 60%以上。大豆油中含有 1.1%～3.2%磷脂,主要为卵磷脂和脑磷脂。卵磷脂具有很好的乳化性,脑磷脂具有加速血液凝固的作用。大豆油脂中的不皂化物主要是醇类、类胡萝卜素、植物色素及生育酚类物质,总含量为 0.5%～1.6%。

二、大豆中的酶和抗营养因子

大豆中含有脂肪氧化酶、尿素酶、磷脂酶 D;抗营养因子有胰蛋白酶抑制素和血球凝集素。

(1)脂肪氧化酶 可以氧化不饱和脂肪酸及其脂肪酸酯,生成氢过氧化物。其活性很高,当大豆籽粒破碎后,只要有少量的水分存在,它就可以与大豆中的亚油酸、亚麻酸等底物发生降解反应,产生近百种产物。脂肪氧化酶对食品质量具有两方面的作用。

①若焙烤食品时,在面粉中加入 1%(按面粉质量计)含脂肪氧化酶活力的大豆粉,对胡萝卜素有漂白作用,强化面筋蛋白质,提高色泽和质量。

②由于脂肪氧化酶的作用,使制品产生某些不良风味,导致食品质量的下降。对此,用加热、调节 pH 值和化学抑制剂等,来钝化其活性或使其失去活性。

(2)尿素酶 在大豆中含量较高,是分解酰胺和尿素产生二氧化碳和氨气的酶,也是大豆中抗营养因子之一。由于尿素酶容易受热而失去活性,而且容易准确测定,经常作为确认大豆制品湿加热处理程度的指标。

(3)淀粉分解酶 具有活性的 α-淀粉分解酶和 β-淀粉分解酶可以从脱脂豆粕中提取。大豆 α-淀粉酶对于支链的碳水化合物的分解作用超过从其他原料中提取的 α-淀粉酶;大豆 β-淀粉酶活性比其他豆类含量高,对磷酸化酶具有钝化作用。在 pH 值 5.5、60℃条件下加热 30 分钟将会有 50% 的活性损失掉,而在 70℃加热 30 分钟将会全部失活。

(4)胰蛋白酶抑制素 大豆中的胰蛋白酶抑制素有 7～10 种,迄今已有两种被提纯。胰蛋白酶抑制素对治疗急性胰腺炎、糖尿病和调节胰岛素失调有一定的效果。其热稳定性较高,在 80℃处理时,活性失去较少,100℃处理 20 分钟,其活性丧失 90% 以上。

(5)血球凝集素 发现大豆中有 4 种血球凝集素。脱脂后的大豆粉中含量约为 3%。血球凝集素能够引起血球凝聚,但它很容易被胃蛋白酶钝化,加热可很快失去活性,甚至完全消失,因此,不会对人体造成不良影响。

三、大豆中的微量成分

(1)无机盐 大豆中含有钙、磷、铁、钾等无机盐十多种,其含量一般为 4.0％～4.5％。钙的含量在不同品种的大豆中差异范围为 163～470 毫克/100 克。含钙量与蒸煮后大豆的硬度有关，含钙量越高，硬度越大。磷在大豆中有 4 种不同的存在形式。其中,植酸钙镁中含磷量占 75％,磷脂中含量占 12％,无机磷占 4.5％,残留磷占 6％。植酸钙镁是由植酸与钙镁离子络合而成的盐,它严重影响人体对钙镁的吸收,但是大豆经过发芽后,植酸被分解为无机酸和肌醇,被络合的金属游离出来,使钙、镁的利用率提高。

(2)维生素 大豆中的维生素含量较少,其中以水溶性维生素为主,脂溶性维生素很少,并且大豆中的维生素在大豆制品加工中热处理破坏很多,制品中含量就更少了。

(3)皂苷 在大豆中约占干基的 2％,脱脂大豆中的含量约为 0.6％。皂苷多呈中性,少数为酸性,容易溶解于水和 90％以下的乙醇溶液中,难以溶解于酯和纯乙醇中。它对热稳定,但在酸性条件下遇热容易分解。皂苷具有溶血性和毒性,但有降低过氧化脂类生成的作用,因此对高血压和肥胖病有一定疗效,也有抗炎症、抗溃疡和抗过敏的功效。

(4)有机酸、异黄酮 大豆中含有多种有机酸,其中柠檬酸含量最高,还有醋酸、延胡索酸等。利用大豆中的有机酸可以生产大豆清凉饮料。大豆中还含有少量的异黄酮,具有一定的抗氧化能力。

第二节 传统大豆制品加工技术

大豆制品可分为传统大豆制品和新兴大豆制品两大类。传统大豆制品又可分为发酵性大豆制品和非发酵性大豆制品。发酵性大豆制品是经一种或多种微生物发酵而得的产品,如豆酱、酱油、豆豉等;非发酵性大豆制品如豆腐、腐竹、豆浆、豆腐卤、豆腐乳，以及经油炸、冷冻、熏制、干燥等的豆制品。新兴大豆制品包括大豆油、大豆蛋白、豆乳，以及从大豆（或豆粕等）中提炼出来的异黄酮、皂苷、低聚糖、维生素 B_{12}、核黄素等。

一、豆腐、腐竹加工

1. 加工原理

传统豆制品种类繁多，制作工艺也各有特色，但是就其实质来讲，均是制取不同性质的蛋白质胶体的过程，即从生豆浆→熟豆浆→豆腐脑→豆制品。

(1)生豆浆 大豆蛋白质存在于大豆子叶的蛋白体中，经过浸泡，体膜破坏，即可分散于水中，形成蛋白质溶液，即生豆浆。生豆浆即大豆蛋白质溶胶。由于蛋白质胶粒的水化作用和蛋白质胶粒表面的双电层，使大豆蛋白质溶胶保持相对稳定，但是一旦有外加因素作用，这种相对稳定就可能受到破坏。

(2)熟豆浆 生豆浆加热后，蛋白质分子热运动加剧，使蛋白质的水化作用减弱，溶解度降低，分子之间容易接近而形成聚集体，从而形成新的相对稳定的前凝胶体系，即熟豆浆。

在熟豆浆形成过程中，蛋白质发生了一定的变性，在形成前凝胶的同时，还能与少量脂肪结合形成脂蛋白。脂蛋白的形成使豆浆产生香气。脂蛋白的形成随煮沸时间的延长而增加。同时，借助煮浆，还能消除大豆中的胰蛋白酶抑制素、血球凝集素、皂苷等对人体有害的因素，减少生豆浆的豆腥味，使豆浆特有的香气显示出来，还可以达到消毒灭菌、提高卫生质量的作用。

(3)豆腐脑 前凝胶形成后必须借助无机盐、电解质的作用使蛋白质进一步变性转变成凝胶。常见的电解质有石膏、卤水、δ-葡萄糖酸内酯及氯化钙等盐类。它们不但可以破坏蛋白质的水化膜和双电层，而且有"搭桥"作用，形成立体网状结构，并将水分子包容在网络中，形成豆腐脑。

(4)豆制品 豆腐脑形成较快,但蛋白质主体网络形成需要一定时间,所以,在一定温度下要保温静置一段时间,即蹲脑的过程。将强化凝胶中的水分加压排出,即可得到豆制品。

2. 原料、辅料

(1)凝固剂

①石膏。在实际生产中通常采用熟石膏,控制豆浆温度 85℃ 左右,添加量为大豆蛋白的 0.04%(按硫酸钙计)左右,可以生产出保水性好、光滑细嫩的豆腐。

②卤水。主要成分为氯化镁,用其作凝固剂,蛋白质凝固快,网状结构容易收缩,因而产品的保水性差。卤水适合于做豆腐干、干豆腐等低水分的产品,添加量为大豆量的 2%～5%。

③δ-葡萄糖酸内酯。它是一种新型的酸类凝固剂,易溶于水,在水中分解为葡萄糖酸,在加热条件下分解速度加快,pH 值增加时分解速度也加快。加入内酯的熟豆浆,当温度达到 60℃ 时,大豆蛋白质开始凝固,在 80℃～90℃ 凝固成的蛋白质凝胶持水性最佳,制成的豆腐弹性大,质地滑润爽口。在熟豆浆中加入豆浆量 0.25%～0.35% 的葡萄糖酸内酯,加热后分解转化,蛋白质即凝固,成为豆腐。如若添加豆浆量 0.2% 的磷酸氢二钠等保护剂,可改变所制得豆腐平淡或略带酸味的性状。

④复合凝固剂。它是用两种或两种以上的成分加工成的凝固剂,如粒凝固剂。这种凝固剂含有柠檬酸等多种有机酸,外加涂膜,在常温下它不溶于豆浆,一旦加热至 40℃～70℃,涂覆膜就熔化,内部的有机酸就发挥凝固作用。

(2)消泡剂 豆制品生产中的制浆工序会产生大量泡沫。泡沫的存在对后续操作极为不利,因此必须使用消泡剂消泡。

①硅有机树脂。它是一种较新消泡剂,热稳定性和化学稳定性高,表面张力低,消泡能力强。豆制品生产中使用水溶性的乳剂型,其使用量为食品的 0.05 克/千克。

②脂肪酸甘油酯。它可分为蒸馏品(纯度达90％以上)和未蒸馏品(纯度为40％～50％)。蒸馏品使用量为1.0％。使用时均匀地添加在豆浆中一起加热即可。

(3)防腐剂 豆制品生产中采用的防腐剂主要有丙烯酸等。丙烯酸具有抗菌能力强、热稳定性高等特点,允许使用量为豆浆的5毫克/千克以内。丙烯酸防腐剂主要用于包装豆腐,对产品色泽稍有影响。

3. 加工工艺流程

大豆→清理→浸泡→磨浆→过滤→煮浆→凝固→成形→成品

(1)清理 选择品质优良的大豆,除去所含的杂质,得到纯净的大豆。

(2)浸泡 浸泡的目的是使豆粒吸水膨胀,有利于大豆粉碎后提取其中的蛋白质。生产时,大豆的浸泡程度因季节而不同,夏季将大豆泡至九成开。冬季将大豆泡至十成开。浸泡好的大豆吸水量为1∶(1～1.2)。浸泡后,大豆表面光滑,无皱皮,豆皮轻易不脱落,手感有劲。

(3)磨浆 经过浸泡的大豆,蛋白体膜变得松脆,但是要使蛋白质溶出,必须进行适当的机械破碎。如果从蛋白质溶出量角度看,大豆破碎得越彻底,蛋白质越容易溶出。但是磨得过细,大豆中的纤维素会随着蛋白质进入豆浆中,使产品变得粗糙,色泽深,而且也不利于浆渣分离,使产浆率降低。因此,一般控制磨碎细度为100～120目。实际生产时,应根据豆腐品种适当调整粗细度,并控制豆渣中残存的蛋白质低于2.6％为宜。采用石磨、钢磨或砂盘磨进行破碎,注意磨浆时一定要边加水边加大豆。磨碎后的豆糊采用平筛、卧式离心筛分离,以充分提取大豆蛋白质。

(4)煮浆 煮浆是通过加热使豆浆中的蛋白质发生热变性的过程,可为后序点浆创造必要条件,并消除豆浆中抗营养成分,杀菌,减轻异味,提高营养价值,延长产品的保鲜期。煮浆可以采用土灶铁锅煮浆法、敞口罐蒸汽煮浆法、封闭式溢流煮浆法等。

(5)凝固 凝固就是大豆蛋白质在热变性的基础上经凝固剂的作用,由溶胶状态转变成凝胶状态的过程。凝固过程分点脑和蹲脑两道工序。

①点脑。将凝固剂按一定比例和方法加入熟豆浆中,使大豆蛋白质溶胶转变成凝胶,形成豆腐脑。豆腐脑由呈网状结构的大豆蛋白质和填充在其中的水构成。豆腐脑的网状结构网眼越大,交织得越牢固,其持水性越好,做成的豆腐柔软细嫩,产品率也越高;反之,则豆腐僵硬,缺乏韧性,产品率也低。

②蹲脑。点脑后,蛋白质网络结构还不牢固,只有经过一段时间静置凝固才能完成。根据豆腐品种的不同,蹲脑的时间一般控制在 10～30 分钟。

(6)成形 即把凝固好的豆腐脑放入特定的模具内,施加一定的压力,压榨出多余的黄浆水,使豆腐脑密集地结合在一起,成为具一定含水量和弹性、韧性的豆制品。

4. 内酯豆腐制作实例

(1)制作工艺流程 内酯豆腐生产结合了蛋白质的凝胶性和 δ-葡萄糖酸内酯的水解性。其工艺流程如下:

大豆→清理→浸泡→磨浆→滤浆→煮浆→脱气→冷却→混合→罐装→凝固杀菌→冷却→成品

(2)操作要点

①制浆。采用各种磨浆设备制浆,使豆浆浓度控制在 10～110 波美度。

②脱气。采用消泡剂消除一部分泡沫,并经脱气排出豆浆中多余的气体,避免出现气孔和砂眼,同时脱除一些挥发性气味,使内酯豆腐质地细腻,风味优良。

③冷却、混合和罐装。根据 δ-葡萄糖酸内酯的水解特性,内

酯与豆浆的混合必须在 30℃ 以下进行,如果浆温过高,内酯的水解速度过快,造成混合不均匀,最终导致粗糙松散,甚至不成形。按照 0.25%～0.30% 的比例加入内酯,添加前用温水溶解,混合后的浆料在 15～20 分钟罐装完毕,采用的包装盒或包装袋需要耐 100℃ 的高温。

④凝固成形。包装后进行装箱,连同箱体一起放入 85℃～90℃ 恒温床,保温 15～20 分钟。热凝固后需再冷却,以增强凝胶的强度,提高其保形性。冷却可以采用自然冷却,也可以采用强制冷却。通过热凝固和强制冷却的内酯豆腐,一般杀菌、抑菌效果好,储存期相对较长。

5. 腐竹制作实例

(1)制作工艺流程　腐竹是一种高蛋白的大豆制品。它由煮沸后的豆浆经过一定时间的保温,豆浆表面蛋白质成膜进而形成软皮,揭出烘干而成。煮熟的豆浆保持在较高温度条件下,豆浆表面水分不断蒸发,表面蛋白质浓度相对提高,加之蛋白质胶粒热运动加剧,碰撞机会增加,聚合度加大,逐渐形成薄膜。随着时间的延长,薄膜厚度增加,当薄膜达到一定厚度时,揭起即为腐竹。制作工艺流程如下:

大豆→清理→脱皮→浸泡→磨浆→滤浆→煮浆→揭竹→烘干→包装→成品

(2)操作要点　一般每人每天可加工 100 千克大豆原料,可得腐竹 60～65 千克。

①制浆。方法与豆腐制浆一样,但要求豆浆浓度控制在 6.5～7.5 波美度。豆浆浓度过低难以形成薄膜;豆浆浓度过高,膜的形成速度快,但膜色泽深。

②揭竹。将制成的豆浆煮沸,然后放入腐竹成形锅内成形揭竹。揭竹温度控制在 82℃±2℃。每支腐竹的成膜时间为 10 分钟左右,此时才可揭竹。加工时及揭竹后均要注意通风,使水分

蒸发,以提高生产率和质量。

③烘干。湿腐竹揭起后,搭在竹竿上沥浆,沥尽豆浆后要及时烘干。烘干可以采用低温烘房或者机械化连续烘干法,烘干最高温度控制在60℃以内,烘干至水分含量达到10%以下即可得到成品腐竹。

二、豆乳蛋白饮料加工

豆乳制品是新兴的一类蛋白饮料,主要包括豆乳、豆炼乳、酸豆乳、豆乳晶等,具有特殊的色、香、味,营养丰富,可与牛奶相媲美。

1. 加工原理

豆乳生产是利用大豆蛋白质变性的功能特性、磷脂的强乳化特性,以及中性油脂的疏水特性。经过变性后的大豆蛋白质分子疏水性基团大量暴露于分子表面,分子表面的亲水性基团相对减少,水溶性降低。磷脂是具有极性基团和非极性基团的两性物质,中性油脂是非极性的疏水性物质。这种变性的大豆蛋白质、磷脂及油脂的混合体系,经过均质或超声波处理,互相之间发生作用,形成二元及三元缔合体。这种缔合体具有极高的稳定性,在水中形成均匀的乳状分散体系,即豆乳。

2. 加工工艺流程

大豆→清理→脱皮→浸泡→磨浆→酶的钝化→真空脱臭→调制→均质→杀菌→包装

3. 操作要点

(1)清理和脱皮 经过清理,去除所含杂质,得到纯净的大豆。再进行脱皮,可以减少细菌,改善豆乳风味,限制起泡性,同时还可以缩短脂肪氧化酶钝化所需要的加热时间,降低储存蛋白质的变性,防止非酶褐变,赋予豆乳良好的色泽。脱皮要求脱皮率大于95%。脱皮后的大豆必须迅速进行灭酶。这是因为大豆中致腥的脂肪氧化酶存在于靠近大豆表皮的子叶处,豆皮一旦破碎,油脂即可在脂肪氧化酶的作用下发生氧化,产生豆腥味。

(2)制浆和酶的钝化　制浆工序与传统豆制品生产中制浆工序基本一致,都是将大豆磨碎,最大限度地提取大豆中的有效成分,除去不溶性多糖和纤维素。磨浆和分离设备通用,但是,为抑制浆体中产生异味,制浆必须与灭酶工序相结合,可以采用磨浆前浸泡大豆工艺,也可以不经过浸泡直接磨浆,并要求豆浆磨得细。豆糊细度要求达到 120 目以上,豆渣含水量在 85％以下,豆浆含量一般为 8％～10％。

(3)真空脱臭　为尽可能除去豆浆中的异味,应先利用高压蒸汽(600 千帕)将豆浆迅速加热到 140℃～150℃,然后将热豆浆导入真空冷凝室,过热的豆浆突然抽真空,豆浆温度骤降,体积膨胀,部分水分急剧蒸发,豆浆中的异味随水蒸气迅速排出。从脱臭系统中出来的豆浆温度一般可以降低 75℃～80℃。

(4)调制　在调制缸中将豆浆、营养强化剂、赋香剂和稳定剂等混合在一起,充分搅拌均匀,并用水将豆浆调整到规定的浓度。豆浆经过调制可以生产出不同风味的豆乳。

①豆乳的营养强化。根据大豆蛋白乳的特点,添加含硫氨基酸(蛋氨酸);强化维生素,添加量以每 100 克豆乳为标准,需要补充维生素 A880IU(1IU＝0.668 毫克,下同),维生素 $B_1$0.26 毫克,维生素 $B_2$0.31 毫克,维生素 $B_6$0.26 毫克,维生素 B_{12}115 微克,维生素 C 7 毫克,维生素 D176IU,维生素 E 10IU;添加碳酸钙等钙盐,每升豆浆添加 1.2 克碳酸钙,则含钙量便与牛奶接近。

②赋香剂。添加甜味剂,可直接采用双糖。添加单糖杀菌时容易发生非酶褐变,使豆乳色泽加深。甜味剂添加量控制在 6％左右。若生产奶味豆乳,可用香兰素调香,也可用奶粉或鲜奶。

奶粉添加量为总固形物的 5％左右,鲜奶为成品的 30％。生产果味豆乳,采用果汁、果味香精、有机酸等调制,果汁（原汁）添加量为 15％～20％。添加前要先稀释,宜在所有配料都加入后再添加。

③豆腥味掩盖剂。尽管在生产中采用各种方法脱腥,但总会有些残留,因此添加掩盖剂很有必要。在豆乳中加入热凝固的卵蛋白可以起到掩盖豆腥味的作用,其添加量为 15％～25％。添加量过低效果不好,高于 35％时,则制品中会有很强的卵蛋白味（硫化氢味）。另外,棕榈油、环状糊精、荞麦粉（加入量为大豆的 30％～40％）、核桃仁、紫苏、胡椒等也具有掩盖豆腥味的作用。

④油脂。豆乳中加入油脂可以提高口感和改善色泽,其添加量为 1.5％左右（使豆乳中脂肪含量控制在 3％）。添加的油脂应选用亚油酸含量较高的植物油,如豆油、花生油、菜子油、玉米油等,以优质玉米油为最佳。

⑤稳定剂。豆乳中含有油脂,需要添加乳化剂提高其稳定性。常用的乳化剂以蔗糖酯和卵磷脂为主。此外,还可以使用山梨醇酯、聚乙二醇山梨醇酯。两种乳化剂配合使用效果更好。卵磷脂添加量为大豆质量的 0.3％～2.4％。蔗糖酯除具有提高豆乳乳化稳定性的作用外,还可以防止酸性豆乳中蛋白质的分层沉淀。另外,根据制作不同特色豆乳的要求,还要调整添加乳化剂的种类和数量。

(5)均质 均质处理是提高豆乳口感和稳定性的关键工序。均质效果的好坏主要受均质压力、温度和次数的影响。一般豆乳生产中采用 13～23 兆帕(MPa)的压力,压力越高效果越好,但是压力大小受设备性能及经济效益的影响。均质温度是指豆乳进入均质机的温度,应控制在 70℃～80℃较适宜。均质次数应根据均质机的性能来确定,最多采用两次。

均质处理宜放在杀菌之前。杀菌能在一定程度上破坏均质效果,容易出现"油线",但污染机会减少,储存安全性提高,而且经过均质的豆乳再进入杀菌机不容易结垢。如果将均质处理放在杀菌之后,则情况正好相反。

(6)杀菌 豆乳是细菌的良好培养基,经过调制的豆乳应尽快杀菌。在豆乳生产中经常使用的有常压杀菌、加压杀菌和超高温短时间连续杀菌三种杀菌方法。

①常压杀菌。这种方法只能杀灭致病菌和腐败菌的营养体。若将常压杀菌的豆乳在常温下存放,由于残存耐热菌的芽孢容易发芽成营养体,并不断繁殖,成品一般不超过 24 小时即可败坏。若将经过常压杀菌的豆乳(带包装)迅速冷却,并储存于 2℃~4℃的环境下,可以存放 1~3 周。

②加压杀菌。将豆乳罐装于玻璃瓶中或复合蒸煮袋中,装入杀菌锅内分批杀菌。加压杀菌通常采用 121℃、15~20 分钟。这样即可杀死全部耐热型芽孢,杀菌后的成品可以在常温下存放 6 个月以上。

③超高温短时间连续杀菌。将未包装的豆乳在 130℃以上的高温下,经过数十秒的瞬间杀菌,然后迅速冷却、罐装。这是近年来普遍采用的方法。

(7)包装 包装的形式有玻璃瓶包装、复合袋包装等。包装方式决定了成品的保存期、质量和成本。所以,要根据产品档次、生产工艺和成品保质期等因素做出选择。一般常压或加压杀菌只能采用玻璃或复合蒸煮袋包装;超高温杀菌则可采用无菌包装。大、中型豆乳生产企业可以采用这种包装方法。

三、豆乳粉和豆浆晶加工

豆乳是一种老少皆宜的功能性营养饮料,但是含水量高,不耐储存,运输销售不便。豆乳粉和豆浆晶的生产不同程度地解决了上述问题,并保留了豆乳的全部营养成分。

1. 基料的制备

(1) 基料溶解性调制 豆乳粉和豆浆晶的基料制备过程就是豆乳加工工艺流程去掉杀菌、包装工序的全过程，只是根据产品不同，调配工序的操作及配料略有差别。要注意改善产品风味和营养平衡，还要提高其溶解性。溶解性除与后续的浓缩、干燥工序有关外，还与基料的调制关系密切。加糖对其溶解性影响很大，在浓缩前加入一定量的醋蛋白，可以大大改善豆乳粉的溶解性。豆乳粉的溶解度增大，但增加到一定量时，其溶解度增大不明显，而且会影响豆乳的风味。一般酪蛋白的添加量占豆乳固形物含量的 20% 为最佳。加入碱性物质，如醋酸钠、碳酸钠、磷酸铵、磷酸氢铵、磷酸三钠、磷酸三钾、氢氧化钠等，调节 pH 值接近 7.5 时，豆乳的溶解性可以明显提高。在喷雾干燥前添加高 HLB 的蔗糖脂肪酸酯，可与酪蛋白一起提高豆乳的溶解性，添加量在固形物的 10% 以内。也可在豆乳粉中混入一些蔗糖、乳糖、葡萄糖等，可以提高豆乳的溶解性，其中以乳糖为最好，添加量为 5%～15%。

(2) 浓缩工艺参数 豆乳粉、豆浆晶在基料调制完毕后，要进行均质和杀菌，然后再进行浓缩。浓缩是降低豆乳粉、豆浆晶生产中能耗的关键工序。实际生产中浓缩工序的加工工艺参数如下：

①基料浓度。豆乳粉浓缩后的固形物含量要求达 14%～16%。浓缩度过高，基料容易形成膏状，失去流动性，无法输送和雾化。对于豆浆晶，基料浓缩后固形物含量控制在 25%～30%，加入糖粉后，固形物含量可达 50%～60%。

②浓缩时的加热温度和时间。大豆乳在浓缩时发生热变性。加热温度越高，受热时间越长，蛋白质变性程度越高，黏度增大，甚至凝胶。为得到高浓度、低黏度的浓缩物，一般采用减压浓缩的方法，即采用 50℃～55℃、80～93 千帕的真空度进行浓缩，可以尽量避免长时间受热。浓缩设备采用单效盘管式真空浓缩罐，每锅浆料浓缩时间控制在 25～30 分钟。

③豆浆的制取。为提高蛋白质的利用率,可采取先加热豆糊后除渣的方法,但会导致豆浆黏度的升高。这种方法在生产豆粉时,并不可取,因为会给浓缩操作带来困难,而且豆乳粉的色泽及溶解性均会受到影响。

④降低基料黏度的方法。在豆浆中加糖,不但可以降低黏度,而且可以大大限制黏度的增长速度;调整基料的 pH 值,可改变浓缩物的黏度。当 pH 值为 4.5 左右时,浓缩物的黏度最大,提高浆料的 pH 值,可以降低黏度。但 pH 值偏碱性时,会使产品的色泽变得灰暗,口味也差。因此,pH 值调整为 6.5～7.1 比较合适;加入亚硫酸钠。亚硫酸钠还原性强,价格低廉,无毒无害,添加后可以降低基料的黏度,还可以防止蛋白质的褐变。每千克豆乳粉的添加量为 0.6 克。

2. 提高豆乳粉加工质量的措施

豆乳粉便于储存、运输和销售,但是食用时必须将豆乳粉与水混合制成浆体。因此,豆乳粉的溶解性如何,成为消费者首先关注的问题。

(1)影响豆乳粉溶解性的因素

①豆乳粉的物质组成及存在状态。

②粉体的颗粒大小。溶解过程一般在固液界面上进行,粉的颗粒越小,总表面积越大,溶解速度也就越快,但是,小颗粒影响粉的流散性。

③粉体的容重。较大的容重有利于水面上的粉体向水下运动,容重小的粉体容易漂浮形成表面湿润、内部干燥的粉团,俗称"起疙瘩"。

④颗粒的相对密度。颗粒密度接近水的相对密度时,颗粒能在水中悬浮,保持与水的充分接触并顺利溶解。相对密度大于水的颗粒时即迅速下沉,颗粒与水的接触面减少,并停止与水的相对运动,溶解速度减慢;颗粒相对密度小于水时,颗粒上浮,也会产生同样效果。

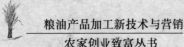
⑤粉体的流散性。粉体自然堆积时,静止角小的则表明粉的流散性好,这样的粉容易分散,不结团。颗粒之间的摩擦力是决定粉体流散的主要因素。为减少摩擦力,应要求粒度均匀,颗粒大且外形为球形或接近球形,表面干燥。

以上 5 个因素,第一个因素是基本的,它决定溶解的最终效果,其余 4 项影响豆乳粉的溶解速度。

(2)喷雾干燥工艺 喷雾干燥是目前将液体豆乳制成固体豆乳粉的唯一方法。

①喷盘的转速与喷孔的直径。喷盘的转速过高,喷孔小,喷出来的液滴小,粉体团粒容易包理气体,粉体容重小;喷盘转速过低,喷孔大,喷头出来的液滴大,粉体团粒包理气体少,粉体容重大,但液滴过大,轻者不容易干燥,有湿心,重者挂壁流浆。另外,在转速与喷孔直径一定的情况下,浆料浓度越高,黏度越大,喷头出来的液滴越大,粉体团粒也大,粉体的容重及流散性好,还要注意设备的选型。

②进排风温度。进风温度越高,豆粉的含水量越低,溶解性越差而且色泽深。一般进风温度控制在 150℃～160℃,排风温度控制在 80℃～90℃为宜。

四、生产经营豆制品的投资概算

(1)投资办厂 北京、河南商丘、哈尔滨等地均有豆制品生产设备制造厂。农户或企业如果要投资办厂,可根据自己计划的生产规模,请制造厂家配置。现以康得利机械设备制造有限公司每天加工 0.5 吨大豆的豆制品生产线配置为例,设备投资 7.745 万元,报价时间为 2009 年 10 月,报价随原材料价格和市场波动而变化。加上厂房租金及流动资金 7 万～8 万元,合计约 15 万元即可启动。经营得当,1.5～2 年可收回投资成本。0.5 吨豆制品生产线设备的配置见表 5-2。

表5-2　0.5吨豆制品生产线设备的配置

序号	设备名称	型号规格	单位	数量	单价/万元	金额/万元	外形尺寸/毫米	生产能力/(千克/小时)	额定功率/千瓦	备　注
1	磨浆煮浆系统	DDJ-05T	套	1	1.9	1.9	1190×1230×1900	85	4.82	包括FSM-150和FSM-130型浆渣分离磨各1台、生浆桶和浆渣桶各1个、离心泵和奶泵各1台、煮浆桶2个
2	锅炉	—	套	1	—	—	—	—	—	自备，出气量为100千克/小时，出口压力0.4～0.7兆帕
3	便携式打花机	BHJ-15	个	1	0.1	0.1	400×320×275	—	0.15	打花杆可根据客户要求自行调节长度
4	打花桶	φ630毫米×780毫米	只	1	0.15	0.15	—	—	—	厚度1.2毫米、带轮高度650毫米，桶实际高度130毫米。附带φ38块装蝶阀，连接用钢丝管
5	浇注机	JZJ-1.2	台	1	1.32	1.32	1600×580×813	15～30	0.37	豆包布宽限定为400毫米
6	千斤顶压榨机	QJD-50	台	1	0.50	0.50	860×750×1300	20～50	—	额定压力10吨
7	单剥剥布机	BBJ-100	台	1	0.90	0.90	920×750×1120	60～100	0.75	

续表5-2

序号	设备名称	型号规格	单位	数量	单价/万元	金额/万元	外形尺寸/毫米	生产能力/(千克/小时)	额定功率/千瓦	备注
8	奶泵及管道	—	套	1	0.15	0.15	—	—	1.5	流量3吨/小时
9	百叶生产线附件	—	套	1	0.04	0.04	—	—	—	浇注机转移板2块、剥布机操作台1个
10	点岗桶	DHT-200	只	1	0.15	0.15	φ600×700	—	—	带轮
11	气动压机	—	台	1	1.60	1.60	930×900×1600	—	—	工作行程1100毫米，最大压力60千克/厘米²，可制豆腐、豆干。配带接水盘、小车
12	气泵	—	台	1	—	—	—	—	—	自备
13	豆腐屉	—	个	4	0.045	0.18	480×320×100	—	—	尺寸为内径
14	豆腐压板	—	个	1	0.035	0.035	480×320	—	—	定制
15	豆腐模具	—	个	—	—	—	—	—	—	定制
16	切丝机	QSJ-200	台	1	0.72	0.72	1700×550×960	200	0.75	额定电压为3N-380伏
以上合计						7.745				

注：与物料直接接触的材质都为不锈钢；电机额定电压为220伏（除切丝机外），额定频率为50赫兹。锅炉、气泵、豆腐模具另计。

(2)加盟经营　以河南省商丘华奥食品机械有限公司为例。该公司免费提供 Ａ 型彩色果蔬豆腐机等一套,招商加盟经营。各种费用如下:

①黄豆成本:黄豆价格 8 元/千克(按 1 千克黄豆可制作 4 千克彩色豆腐,可以制作 13 千克豆浆计算),制作豆腐每天需要 50 千克黄豆,豆浆每天需要 16.5 千克,即每天需用黄豆 50＋16.5＝66.5 千克,则黄豆成本＝66.5 千克/天×8 元/千克×30 天/月≈16000 元/月。

②房租(10 平方米):3000 元/月

③工资:1800 元/人/月×2 人＝3600 元/月

④水电费:500 元/月

⑤工商税:500 元/月

⑥店面装潢:3000 元

⑦上交总部:25000 元

⑧不可预见费用:1500 元/月

以上 8 项综合成本为 53100 元。若经营得当,不到一个月就可轻松收回全部投资。

第三节　大豆低聚糖的提取及利用

大豆低聚糖属可溶性糖类,是新兴的大豆制品,主要从脱脂豆粕中提取,主要成分为水苏糖、棉籽糖和蔗糖,其含量分别占成熟大豆干基的 3.7％、1.7％和 5％。

一、大豆低聚糖的提取工艺

1. 浸提工艺流程

脱脂豆粕→水浸提→过滤→加酸沉淀蛋白→离心分离→抽提液

首先将脱脂豆粕粉碎,过 40 目筛,以固液比 1∶15 的比例用水浸提,过滤除去豆渣得滤液。将滤液用酸调节 pH 值为 4.3～4.5,使蛋白质沉淀,采用离心机分离出大豆蛋白和抽提液。

2. 纯化处理流程

抽提液→超滤→活性炭脱色→过滤→离子交换脱盐脱色→真空浓缩→喷雾干燥→成品

将抽提液用 XHP03 的膜在压力为 0.18 兆帕、温度为 45℃的条件下进行超滤,除去残存的少量蛋白质得滤液。滤液用活性炭脱色。脱色条件为温度 40℃,pH 值为 3.0～4.0,活性炭用量为糖液干物质的 1.0%,脱色时间为 40 分钟。然后过滤,再用离子交换树脂精制,真空浓缩成大豆低聚糖浆,或者真空浓缩后喷雾干燥呈粉状大豆低聚糖成品。

由于低聚糖含量低,在工业生产上利用酸沉淀工艺生产分离大豆蛋白产生的乳清时,必须利用膜技术提纯。膜分离超滤后,大豆低聚糖的含量为 17.9 毫克/毫升。也可以利用乙醇浸提工艺生产浓缩大豆蛋白产生的乳清,即将脱脂豆粕用乙醇浸提,然后回收乙醇。得到乳清,将乳清稀释,再经过加热处理除去残存的少量大豆蛋白,然后利用膜离子交换树脂进行脱色、脱盐,最后经过浓缩即可生产出大豆低聚糖浆。若再进行喷雾干燥,则可制成粉状的大豆低聚糖,将其造粒即可制成颗粒状的产品。

二、大豆低聚糖的特性

(1)促进双歧杆菌的增殖,改善肠道细菌群体结构　大豆低聚糖在人体胃内不会被消化吸收,只有存在于肠道内的双歧杆菌才能利用它。双歧杆菌是人体肠道内的有益菌种,其主要功效是将糖类分解为乙酸、乳酸和一些抗生素类物质,从而抑制有害菌的生长。大豆低聚糖是双歧杆菌增殖的食料,而其他有害菌几乎不能利用低聚糖,因此,可以阻止致病菌的定居和繁殖。

(2)抑制有害物质生成,增强机体免疫力　大豆低聚糖被双歧杆菌利用,产生一些有益物质,促进新陈代谢,抑制腐败菌的生长,减少有害物质生成,减轻肝脏的解毒负担。同时,双歧杆菌的大量繁殖,可诱导免疫反应,增强免疫功能。改善排便,防止腹泻和便秘。降低胆固醇,并可作为甜味剂的替代品。

三、大豆低聚糖的利用

(1)用作双歧杆菌的促生因子　人们为增强肠道内双歧杆菌的数量往往服用活菌剂,然而双歧杆菌是厌氧性细菌,活菌制剂经过胃、小肠到达大肠,其活菌数量大大减少,影响其功效。因此,服用大豆低聚糖能增加双歧杆菌的数量,调整肠道菌群的结构。

(2)作为某些糖类的替代品　大豆低聚糖具有良好的热稳定性,甜味纯正,不被人体消化吸收,能量低等优点,可用做糖尿病人、肥胖病人和喜爱甜食而又怕发胖的人的糖替代品。

(3)各种饮料的配制原料　如运动饮料、果汁饮料、发酵饮料、固体饮料、清凉饮料、粉末饮料、酒类饮品等。

(4)添加剂　可以用作各种健齿的糖果、糕点、甜点、面制品、豆沙馅的添加剂;也可以作为各种乳制品、果酱、调味汁、罐头、香肠等的添加剂。

第四节　大豆异黄酮、皂苷的提取

一、大豆异黄酮的提取工艺

大豆异黄酮是大豆生长中形成的次级代谢物。每 100 克大豆样品中含有异黄酮128 毫克,可分离约 102 毫克。大豆异黄酮的提取可以采用甲醇、乙醇、乙酸乙酯等溶剂进行浸提。不同的溶剂其提取工艺也不同。现以乙醇为例,介绍其浸提工艺。

(1)原料制备 将脱脂豆粕进行粉碎。如果采用大豆为原料,需要先进行脱脂,使豆粕残油率<1%,干燥后粉碎备用。

(2)提取 采用乙醇为浸提液,先在豆粕粉中加入含 0.1~1.0 摩尔/升(mol/L)的盐酸,再在 95%的乙醇溶液中进行回流提取,过滤收集滤液。

(3)回收提取溶剂 将滤液进行减压蒸发,回收乙醇,得到大豆异黄酮的粗水溶液。

(4)纯化 将粗水溶液中加入 0.1 摩尔/升的氢氧化钠溶液,调节 pH 值至中性。这时,中性溶液中将出现沉淀,然后过滤,得到的沉淀物即为含大豆异黄酮的产物。

(5)精制 将上述产物溶解于饱和的正丁醇溶液中,加于氯化铝吸附柱上进行吸附,然后用饱和的正丁醇溶液淋洗,洗出大豆异黄酮的不同组分。

二、大豆异黄酮的特性

大豆异黄酮是黄酮类的一种混合物,目前已发现 12 种,分为 3 类,即黄豆苷类、染料木苷类、大豆黄素苷类,主要存在于种子的子叶和胚轴中(占总量的 81%~92%),具有弱雌性激素活性、抗氧化活性、抗溶血性和抗真菌活性。其特性如下:

(1)抗氧化作用 异黄酮(特别是染料木黄酮)是一种抗氧化剂,能阻止氧自由基的生成,清除体内的活性氧,保护人体内脂质、蛋白质、染色体免受活性氧攻击,因而可以防止细胞发生病变。

(2)抑菌作用 异黄酮具有抑菌作用,0.05%质量分数即具有显著的抗真菌活性。

(3)抗癌作用 研究发现,染料木黄酮具有明显的抗癌作用。其在恶性肿瘤的增殖促进阶段,可以抑制血管的增生,断绝其养料来源,延缓和防止结肠癌、肺癌、胃癌,特别是乳腺癌、前列腺癌等癌症的发生,是天然的癌症化学预防剂。

(4)其他作用 研究还发现,大豆异黄酮还具有防止骨质疏松症(可能与含雌性激素有关),防止心血管疾病(能降低引起动脉硬化的关键因子——低密度脂蛋白胆固醇),改善妇女更年期障碍等功能,开发前景诱人。

三、大豆皂苷的提取工艺

大豆组分中约含皂苷 0.5%。近 20 多年来的研究表明,皂苷具有多种生理活性和良好的药理作用。因此,在大豆中,特别是利用豆粕提取皂苷,具有重要意义。

(1)原料处理 将脱脂豆粕粉碎,并要求脱脂豆粕的残油率 <1%。

(2)浸提 将粉碎后的脱脂豆粕用甲醇溶液进行浸提。浸提条件是在 60℃~80℃条件下(有研究指出以 80℃为最佳温度),采用质量分数为 90% 的甲醇溶液,每次提取的固液比为1∶16,提取时间为 3 小时,加热回流浸提 3 次,合并浸提液,将浸提液过滤,收集滤液。同时,对残油进行回流浸提,对浸提液减压蒸干,回收浸提溶剂,得到粉末。

(3)粗分离 由于皂苷不溶于石油醚、苯或乙醚等脂溶性溶剂,而粉末中的油脂、色素则能够溶解于上述溶剂,因此,用上述溶剂进行分离皂苷。然后用亲水性强的丁醇(丁醇∶水为 1∶1)作为溶剂提纯,使皂苷转入丁醇,收集丁醇溶液,减压蒸干,即得粗皂苷。

(4)精制 粗皂苷中含有糖类、鞣质、色素、异黄酮,以及无机盐等杂质,采用层析柱氯化镁吸附法或大孔树脂吸附法进行精制,即可得到精制皂苷。提取率一般可达到 94% 左右。

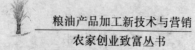

四、大豆皂苷的特性

大豆皂苷具有一定的生理活性,可抑制血栓的形成和血清中脂类的氧化和过氧化脂质的生成,降低血清中胆固醇的含量。同时,大豆皂苷还具有减肥、抗癌和类似人参皂苷的抗疲劳作用。它还可作为高级化妆品、食物添加剂,以及表面活性剂而应用于化学工业。

第五节　大豆加工副产品的综合利用

含水分达 4％的豆渣中依然含有 20％的蛋白质、16％的脂肪,以及多糖、膳食纤维等,还可以从中制取再生豆腐、豆浆、核黄素、膳食纤维、维生素 B_{12}、低聚糖、食用包装纸、膨化食品添加剂和人造肉等。

一、大豆皮渣制取膳食纤维

大豆皮渣是油脂加工中的副产品,其重量约占大豆的 8％。大豆皮渣中含有 40％纤维素、20％左右半纤维素、木质素和果胶,是制取膳食纤维的好材料。用豆渣纤维添加于食品中具有防止结肠癌、糖尿病、肥胖病等作用,因而可以添加于焙烤类、面条类和其他休闲食品之中。

(1)制取工艺流程

豆渣→漂白软化→蛋白酶水解→漂洗→脂肪酶水解→漂洗→过滤脱水→干燥→磨细→过筛→漂白→漂洗→过滤脱水→干燥→粉碎→成品

(2)操作要点

①软化。将豆渣用清水漂洗使之软化,然后在 50℃、pH 值8.0、固液比1∶10 的条件下,加入一定量的蛋白酶,水解 8～10

小时。

②水解反应。在 40℃、pH 值 7.5、固液比 1：10 的条件下，加入一定量的脂肪酶反应 6～8 小时。反应期间同样保持 pH 值不变。

③过滤、烘干。水解完毕后，用清水处理豆渣纤维至中性，然后用板框过滤机进行脱水。在干燥箱中以 110℃ 的温度烘干 4～5 小时。

④过筛、脱色。将豆渣纤维粉碎通过 40 目筛，按照固液比 1：8 加入 4% 的过氧化氢，在 60℃ 的恒温下脱色 1 小时。

⑤超微粉碎。将脱色后的豆渣纤维洗涤烘干，进行超微粉碎。

二、豆浆水制取维生素 B_{12}

豆制品厂排出的废水（特别是豆腐黄浆水）在微量供氧的条件下，通过丙酸菌培养，可以生产维生素 B_{12}。在豆腐黄浆水中添加葡萄糖 10 克/升，酵母浸膏 5～10 克/升，维生素 B_2 5 毫克/升和硫酸钴 12 毫克/升，可以进一步提高维生素 B_{12} 的产量。使用豆腐黄浆水培养丙酸菌，维生素 B_{12} 的含量可达 899 微克/克（干细胞），比人工合成培养基生产的维生素 B_{12} 467 微克/克（干细胞）明显提高。操作要点如下：

(1) 菌株选择　研究发现，维生素 B_{12} 获得率较高是由于耐氧的丙酸菌菌株的作用。

(2)培养基成分　人工合成完全培养基成分（单位为克/升）：

葡萄糖	10.0	酵母浸膏	5.0
酸性酪蛋白	1.0	胰酪蛋白	1.5
生物素	3×10^{-4}	泛酸钙	4×10^{-3}
NaH_2PO_4	1.6	K_3PO_4	1.6
$MgCl_2 \cdot 6H_2O$	0.4	$FeSO_4 \cdot 7H_2O$	1×10^{-2}

CoSO$_4$·7H$_2$O 1×10^{-2} 培养基 pH 值 6.8

做培养用的豆腐黄浆水经过离心机以 7000 转/分钟离心分离 15～20 分钟,清除悬浮杂质,必要时添加适量的澄清剂。

(3)培养 前期培养是在 250 毫升长颈瓶中,装入 50 毫升完全培养基实行静态培养,但大部分情况是在 500 毫升长颈瓶中装入 100 毫升培养基培养,温度为 30℃,pH 值为 7。

(4)分析方法 培养所得菌体经过 7000 转/分钟离心分离 20 分钟后,洗涤、脱去水分,在 100℃烘干至恒重。用 Lowry 法测定总糖,用蒽酮试剂法测定蛋白质,再用原子吸收法分析微量元素。

三、豆渣制取核黄素

核黄素又称为维生素 B$_2$、维生素 G 或乳黄素,是人体必需的水溶性维生素,被世界卫生组织认定为评价人体生长发育营养状况的六大指标之一。利用豆渣生产核黄素的方法以微生物发酵法为主。该法转化率高,安全无毒。优化提取条件如下:

(1)接种量 选用阿氏假囊酵母菌,接种量一般为豆粕量的 2%～5%,以 5% 的产量高。接种量过高,菌体生长过旺,不利于核黄素的合成,过低则造成营养物质的浪费。

(2)发酵时间 以 13 小时核黄素合成达最高值时为宜,过长菌体开始解体,过短合成量减少。

(3)pH 值的调整 以 pH 值 6.5 为最佳。

(4)碳氮源的添加 若添加一定量的小米面、玉米粉、麸皮,核黄素产量将会有较大提高。

第六章 玉米加工技术

我国是世界玉米生产的第二大国,总产量仅次于美国,达1.1亿吨左右。虽然在美国玉米作为制造饮料和酒精等产品原料的比例较大,但用于制作其他玉米产品的发展速度迅猛,产品品种已达3000多种。玉米油由于具有独特的保健功能,在国际贸易市场上的价格是玉米原粮的7倍左右;其他玉米产品也有增值。

我国玉米产品的开发起步较晚,目前年产约200万吨左右,不到玉米总产量的2%,且75%的产品是玉米淀粉,为初级产品,深加工的产品不多,具有自主知识产权的产品甚少。

据分析,国际玉米产品工业已呈现出四大发展趋势,即大型规模化、产业系列化、科技知识化、营养保健化,开发前景看好。根据消费市场看好的需求,玉米食品的开发重点可逐步转移到速冻甜玉米、玉米胚油、支链淀粉、直链淀粉、休闲食品等方面。

第一节 玉米油加工技术

一、玉米油的特点

在玉米化学组成中,脂肪一般占4.6%左右,高油玉米占8.2%。尤以胚芽含油量高,脂肪约占胚芽总重量的34.3%,占玉米含油量的80%以上。

玉米油组分中亚油酸含量达60%以上。亚油酸是构成人体细胞膜的重要组成部分,可防止皮肤细胞水代谢紊乱和干燥鳞屑肥厚等病变,具有"柔肌肤、美容貌"的作用。亚油酸还可阻止人体因胆固醇与饱和脂肪酸的结合而沉淀的发生,防止动脉粥样硬化。玉米油还含有丰富的维生素 E,它具有抗氧化作用,防止过氧化油脂的游离而使皮肤细胞受损,产生老年斑,又可加速细胞分裂繁殖,延缓人体衰老;还可抑制氧化脂在血管中的沉淀而形成血栓,预防动脉硬化。

正由于玉米油对人体具有多种功能,被人们视为"保健油"、"放心油"、"长寿油"。近年来,玉米油的生产与消费发展较快。美国年产量达 20 万吨左右,墨西哥全国消费的食用油基本以玉米油为主,朝鲜食用油消费中玉米油占 80%。

二、玉米油加工工艺流程

我国第一家生产玉米油的企业是三星集团。玉米油一般加工工艺流程为:

玉米胚原料→脱酸→脱胶→脱色→脱蜡

这种从玉米胚芽中直接榨取的玉米毛油,存在酸值高、杂质多、颜色深、烟点低等缺陷,不宜直接作为食用油,必须进行精炼。精炼新工艺经国家粮食储备局无锡科学研究设计院研究,精炼玉米油加工新工艺流程如图 6-1 所示。

热水 碱液 白土
玉米毛油→脱胶→碱炼→水洗→干燥→碱炼油→脱色→过滤
硅藻土
→脱色油→结晶→养晶→过滤→脱蜡油→脱臭→冷却→一级玉米油

图 6-1 精炼玉米油加工新工艺流程

三、精炼玉米油主要设备选型

玉米胚芽是在玉米制粉或淀粉提取等过程中分离出来的,不必新增设备。精炼新工艺的主要设备建议选择下列配套设备:碟式分离选用 DHZ 470 型、脱色选用 YTS 120 型、叶片过滤机选用 NYB 30、汽水串联真空泵选用 QSWJ-120 型、结晶罐选用 YJJO 140 型、养晶罐选用 YYJG 220 型、卧式过滤机选用 WYB-80 型、脱臭塔(软塔)选用 YTXD90－180X$_3$ 型、四级蒸汽喷射泵选用 4ZP(10＋80)－2 型。

第二节　玉米粉加工技术

一、玉米粉加工工艺流程

　　玉米干磨制粉有两种基本方法,即去胚工艺和不去胚工艺。不去胚的干磨加工属于旧法,是将整个子粒全部磨成粉,胚留在粉中会影响其保鲜时间。目前,商品玉米粉大多采用新法加工,即用去皮玉米籽粒再去胚后加工。此法还能同时生产玉米糁和玉米胚芽等分离产品。干法玉米粉加工工艺流程如图 6-2 所示。

玉米→清理→水分调节→脱皮→破粒脱胚→粗碎精选→制粉

　　　　　　　　　　　　　　玉米胚芽　玉米糁

→玉米粉

图 6-2　干法玉米粉加工工艺流程

二、操作要点

　　(1)水分调节　玉米清理后,将其水分含量调节至 15％～17％。有些玉米品种要求含水分达到 21％左右。

　　(2)脱皮　可使用砂辊碾米机进行脱皮,借砂辊的碾削和擦离作用去皮碾白。

　　(3)破粒脱胚　破粒脱胚可采用粉碎机、横式砂铁辊碾米机、玉米脱胚机。玉米脱胚机是一种特殊的磨粉机,由两个锥形表面组成,一个锥面在另一个锥面内旋转,摩擦玉米去除皮层和胚芽。

　　(4)粗碎精选　常用齿辊式粉碎机或锤片式粉碎机来粗碎。

粗碎后用直径 2 毫米或 1 毫米的筛面筛选分离出不同粒度的玉米糁。其粒度视不同地区食用习惯而定。

(5)制粉 玉米磨粉一般采用四道磨粉,通过辊式磨粉机研磨和筛理系统进行制粉,全通过 90 目筛的为细玉米粉,全通过 70 目筛的为粗玉米粉。

第三节 玉米胚饮料加工技术

一、玉米胚饮料加工工艺流程

玉米胚是玉米粒营养价值最好的部分,集中了玉米粒中 84% 的脂肪,83% 的矿物质,22% 的蛋白质和 65% 的低聚糖。将玉米制粉或提取淀粉过程中分离出来的玉米胚作为原料,进一步加工成玉米胚饮料,具有独特的玉米清香风味,酸甜适口,营养丰富。玉米胚饮料加工工艺流程如下:

玉米胚→浸泡→磨浆→胶磨→调配→均质→脱气→灌装→杀菌

二、操作要点

(1)浸泡磨浆 将玉米胚置于 70℃温水中浸泡 2 小时,然后将软化后的玉米胚加 10 倍的水,用砂轮磨浆机磨浆。

(2)胶磨调配 将胚芽浆用胶体磨进一步研磨,使之微细化,然后按玉米胚 7%、白糖 10%、柠檬酸 0.1%、乙基麦芽酚 0.01%、黄原胶 0.2%、复合乳化剂 0.25% 的比例进行调配。调配方法同常规饮料。

(3)均质脱气 将调配好的浆料预热至 70℃,用高压均质机均质两次,第一次压力为 25～30 兆帕,第二次降为 15～20 兆帕,之后在真空度为 0.06～0.09 兆帕、温度为 60℃～70℃时进行排气。

(4)灌装杀菌　先灌装封口,再进行杀菌。杀菌温度为 95℃,持续 15～20 分钟,然后迅速冷却至 35℃以下即可。

第四节　甜玉米加工技术

一、甜玉米的分类及加工方法

(1)甜玉米的分类　甜玉米一般分为普通甜玉米和超甜玉米。

①普通甜玉米其乳熟期的胚乳中含有 10％左右的糖分,相当于普通玉米的 2.5 倍,加上由于水溶性多糖引起的黏质,构成了特有的风味。

②超甜玉米其胚乳成分中含糖分更高,约为干物质的 20％,为普通玉米的 10 倍。但这种甜玉米的胚乳淀粉中几乎没有水溶性多糖,风味不佳,并由于储藏淀粉太少,水分含量高,皮显得太厚。

(2)甜玉米加工方法

①嫩穗加工。又可分为真空包装带芯玉米和速冻带芯玉米两大类。

②切粒加工。又可分为甜玉米罐头、冷冻甜玉米和脱水甜玉米三大类,而甜玉米罐头又有整粒玉米和奶油状玉米羹等。

(3)加工应特别注意的问题

①品种选择。加工方法不同对品种的要求也不同。加工各种罐头和整粒产品时要用普通甜玉米。这种玉米籽粒呈长楔形,削粒时切口小,内溶物不易流出,果皮软,味道香;加工冷冻或真空包装整穗或段状产品时要用超甜玉米。这类甜玉米籽粒大,甜度高,果穗呈长筒形且穗轴细。

②加工及时性。甜玉米由于含糖分高,易受酶的作用而发酵变质,所以,甜玉米果穗收获后应迅速送往工厂加工。加工过程必须尽量缩短。普通甜玉米最好在 3～5 小时及时加工,超甜玉米也要求在 12 小时内加工完。如加工速度跟不上,应及时送入冷库储藏。在 4℃～5℃时可存 3～5 天,在 0～1.7℃和相对湿度90%～95%条件下,可存 7～10 天。

二、真空软包装整穗甜玉米加工

(1)原料要求 采用 PA/CPP 复合蒸煮袋生产真空软包装整穗甜玉米,要求甜玉米原料颗粒饱满,色泽由淡黄色转金黄色的乳熟期玉米。一般采收期在授粉后 16～20 天较为理想。

(2)加工工艺流程

原料验收→剥叶去须→预煮→漂洗→整理→装袋→封口→杀菌→冷却→干燥→成品

(3)操作要点

①预煮漂洗。将玉米剥去苞叶,除尽须丝后,入沸水中煮10～15分钟,煮透为准。预煮水中加 0.1%柠檬酸和 1%盐。预煮后用流动水冷却,并漂洗 10 分钟。

②整理装袋。将玉米棒切除两端,每棒长度控制在 16～18厘米,取长度、粗细基本一致者,两棒装一袋。切除的玉米棒两端削粒,可加工成真空软包装玉米粒产品,制作技术同玉米棒。

③封口杀菌。在 0.08～0.09 兆帕下抽真空密封。封口后在121℃高压下杀菌20分钟。为防止袋内水分加热膨胀而破袋,要采用反压杀菌,压力达到 2 千克/厘米^2。

④反压冷却。冷却时要保持压力稳定,直至冷却到40℃。

⑤干燥包装。冷却后袋外有水,必须用手工擦干或热风烘干。为避免软包装成品在储藏、运输及销售过程中损坏,必须对软包装进行外包装。外包装可采用聚乙烯塑料袋或纸袋,然后用

纸箱包装。

三、速冻甜玉米加工

(1)加工工艺流程 速冻甜玉米可分整穗速冻和粒状速冻两种。粒状速冻是用铲粒机脱粒后速冻加工而成,但将甜玉米整穗速冻后再进行铲粒更加方便,之后去杂包装冷藏即可。整穗速冻甜玉米加工工艺流程如下:

原料验收→剥叶去须→预煮→冷却→冻结→分级包装→冷藏

(2)操作要点

①预煮。甜玉米剥皮、去须、洗净后,将果穗全部浸入沸水中煮12分钟,不宜采用蒸汽蒸煮,否则玉米籽粒表面易干缩变形,无光泽,影响产品质量。

②冷却。为防止果穗籽粒脱水,冷却水温要求 4℃~8℃,以使果穗中心温度迅速下降到25℃以下。然后沥干水分,并用电风扇吹干表面水分,以防冻结时籽粒表面形成冰霜。

③冻结。用速冻机于-45℃下速冻 30~45 分钟,或在冷库内于-30℃冻结 8~10 小时。

④分级包装。国内市场目前分级包装的还不多,但若出口发达国家,则有严格分级标准。例如,日本市场将整穗速冻甜玉米分成 4 个等级,分级包装。同一等级必须同时具备重量和长度要求。日本整穗速冻甜玉米分级标准见表 6-1。

表 6-1 日本整穗速冻甜玉米分级标准

项目	一级	二级	三级	四级
重量/克	310 以上	270~309	230~269	190~229
长度/厘米	21	19~20.9	17~18.9	15~16.9

⑤冷藏。于-20℃冷藏,随售随取。

四、甜玉米羹罐头加工

(1)加工工艺流程 甜玉米羹又称为奶油型甜玉米糊,因全部玉米籽粒或其中1/2磨碎成奶油状而得名。过熟的甜玉米只能用来加工玉米羹,但以正常乳熟期加工为佳。其加工工艺流程如下:

原料验收→剥叶去须→洗净→切粒磨浆→二次去须→调配加热→混合搅拌→装罐密封→杀菌→冷却→成品

(2)操作要点

①原料处理。将甜玉米剥皮去须后,用玉米洗涤机洗净,水压以 1~1.7 千克/厘米² 为宜。

②切粒磨浆。切粒机械大多使用旋转开闭刀具。切粒时先用切刀切断颗粒的顶部 2~3 毫米深,再用刮刀刮下籽粒中的奶油,也可从果粒的基部切断,而不使用刮刀。切下的果粒再磨碎成奶油状,或者一半奶油状一半粒状混合制罐。

③二次去杂。为彻底除去甜玉米糊中残存的花丝、苞叶及穗芯碎片等杂物,应分段设置网孔为 6~16 毫米的振动或旋转筛二次去杂。

④调配加热。在奶油状浆料中加入适量白糖、食盐和玉米淀粉,于82℃~92℃加热 10 分钟,调制成适当的黏稠度并改进风味。食盐的使用量为 0.5%~0.8%,白糖用量为 1.8%~2.4%,玉米淀粉的添加量为奶油状原料的 0.3%~0.5%。加入玉米淀粉的目的在于调节产品的黏稠度,但要注意把握量。

⑤混合搅拌。调配加热过程应不断搅拌,并在装罐前进一步充分搅拌混合,使其黏稠度均匀一致,并加热保温在 85℃以上。

⑥装罐密封。混合搅拌后趁热装罐(温度在 85℃以上),并避免产生气泡。

⑦杀菌。奶油型玉米羹的黏稠度较大,热传导差,密封后必

须立即杀菌,否则会造成杀菌不均。杀菌温度和杀菌时间视罐头初温和罐型规格而定。如罐头初温在 82℃以上,211×304 罐型杀菌条件为温度 121℃,持续 45 分钟;310×406 罐型杀菌条件为温度 121℃,持续 65 分钟;303×406 罐型杀菌条件为温度 121℃,持续 75 分钟。

⑧冷却。杀菌后快速冷却至 38℃。冷却后放置 7 天,经检验合格即可出厂。

五、甜玉米粒罐头加工

甜玉米粒罐头是将果粒切成近似全粒形,注入一定数量的调味液后,再进行装罐、密封、杀菌的产品,具有与新鲜甜玉米相近的形态和风味。甜玉米粒罐头加工工艺与玉米羹工艺大致相同,操作要点如下:

(1)选料　甜玉米收获期要提早 2～3 天,选取成熟度基本一致的,剔除过嫩和过老的果穗,并用于玉米羹的加工。

(2)切粒　要精密地调整刀具,使切刀尽可能接近穗芯,从基部切断籽粒。

(3)清洗　切粒后,必须在短时间内清除易于变质的花丝及穗芯、碎片。可先用冷水浸泡漂浮初选,再用振动洗涤机喷水洗净。

(4)漂烫　为防止籽粒中的游离淀粉析出,造成汁液混浊,果粒清洗后应置于 82℃～93℃的热水中进行漂烫处理。

(5)灌装　灌装时,应装入 2/3 甜玉米粒和 1/3 盐水,杀菌过程中玉米粒逐渐吸收部分汁液,重量大约增加 10%。盐水配制方法为每 100 升水中加食盐 1.4～1.8 千克,白糖 3.5 千克。

(6)排气、封口　装罐后,通过普通的排气盒排气,罐中心的温度达 82℃以上后进行封口。

(7)杀菌　封口后应尽快进行杀菌。玉米粒在罐头中的热传导比奶油型玉米羹好,杀菌相对容易。不同罐型杀菌条件有所不同：307×409 罐型为温度 121℃,持续 25 分钟;407×700 罐型为温度 121℃,持续 35 分钟;603×700 罐型为温度 121℃,持续 45 分钟。

(8)冷却 杀菌结束后,应快速冷却,降温至 38℃。对 407×700 以上罐型,因容易产生罐体变形,应采用反压冷却。

第五节 方便玉米食品加工技术

一、玉米薄片方便粥加工

(1)加工工艺流程 玉米经挤压膨化,通过切割造粒和压片成形,可生产出冲调复水性好的玉米薄片粥。该产品质地柔和,口感爽滑,易于消化,并具有传统玉米粥的清香风味。玉米薄片方便粥加工工艺流程如下：

玉米→粉碎→配料→挤压膨化→切割造粒→冷却→压片→烘干→包装→成品

(2)操作要点

①原料粉碎。选取去皮脱胚的新鲜玉米原料,将原料经磨粉机磨至 50～60 目。

②配料。选用转叶式拌粉机配料,转叶转速 368 转/分钟,加水量一般为 20%～24%,搅拌至水分分布均匀。

③挤压膨化。将配好的物料加入单螺杆挤压膨化机后,物料随螺杆旋转,经过强烈的搅拌、摩擦、剪切混合,以及来自机筒外部的加热,物料迅速升温(140℃～160℃),升压(0.5～0.7 兆帕),成为带有流动性的凝胶状态。通过由若干个均布圆孔组成的模板连续、均匀、稳定地挤出条状物料。物料由高温、高压骤然降为常温、常压,瞬时完成膨化过程。

④切割造粒。物料在挤出的同时,由模头前的旋转刀具切割成大小均匀的小颗粒。通过调整刀具转速可改变切割长度。切

断后的小颗粒形成大小一致的球形膨化半成品。膨化成形的球形颗粒应表面光滑,相互间不粘连。

⑤冷却输送。物料经输送机冷却,使温度降为 40℃～60℃。此时亦可因失水而相互粘连结块。

⑥辊轧压片。将冷却后的半成品送到压片机内轧成薄片。压片后的半成品应表面平整,大小一致,内部组织均匀,水分可降至 10%～14%。

⑦烘烤。为延长保持期,需进一步将薄片烘烤干燥,使水分含量降为 3%～6%。

二、玉米方便面加工

(1)加工工艺流程　玉米方便面采用湿法磨粉和挤压自熟一步成形新工艺,生产碗装或袋装的非油炸玉米方便面。这种产品的复水性和口感好,面条韧滑,具有玉米的特有香味。玉米方便面颜色为淡黄色,面块水分≤14%,产品保质期 3 个月以上,置于80℃以上水中复水 3～5 分钟即可食用。玉米方便面加工工艺流程如下:

玉米→浸泡→沥干→磨浆→筛分→压滤→调配→挤压成形→风干→造型→烘干→包装→成品

(2)操作要点

①浸泡。浸泡时间春秋季为 15～17 小时,夏季为 12～14 小时,冬季为 20 小时左右。

②磨浆和筛分。浸泡好的玉米用粉碎机磨浆,经 80 目的振动筛分离,筛上的粗渣经二次磨碎后,去除筛上的粗渣。

③压滤和调配。用板框压滤机除去玉米粉浆中的水分,得到湿玉米粉。在玉米粉中加入 15% 小麦粉和 1% 食盐,再在调粉机中混匀。

④挤压成形。混配好的玉米粉在单机自熟挤压机中一步挤

压成丝。玉米方便面截面尺寸以 φ1.0 毫米或 0.4 毫米×3 毫米为佳,便于复水并能避免浸泡时发黏、易断。

⑤风干。刚挤出的玉米面条用风机吹凉、定形后,用旋转式切刀切断。

⑥装模造型与烘干。将切断后的玉米面条装入模具,经 70℃～80℃热风干燥定形,面块重 80 克或 100 克均可。面块干燥时间为 40～60 分钟。

第六节　休闲玉米食品加工技术

一、爆玉米花加工

选用爆裂型玉米,其籽粒小而坚硬,胚乳几乎全部为角质,仅中心有少许粉质,加热时爆裂性强,爆成的玉米花比普通硬粒型玉米大。爆玉米花是一种香甜质脆、高纤维、低热量的休闲食品。

制作方法是将 300 克奶油烧热,然后加入 650 克糖,边加糖边搅拌,糖即迅速溶化于油中。再把 350 克爆裂玉米倒入糖浆奶油糊中,维持混合物温度在 200℃左右,混合搅拌 3 分钟,玉米粒即爆裂成玉米花,并沾上一层奶油糖浆,出锅后晾干包装即可。

二、玉米饼干加工

(1)加工工艺流程

用玉米渣加工的饼干也是一种良好的休闲食品。

原料配比:玉米渣 45 千克、面粉 55 千克、菊花油 10 千克、白糖 30 千克、饴糖 3 千克、山珍果仁 4 千克、小苏打 0.5 千克、酵母 0.3 千克,辅料适量。

加工工艺流程如下:

玉米渣→原料处理→加压蒸煮→水洗→辅料处理→调制面

团→静置→成形→烘烤→冷却→包装→成品

(2)操作要点

①原料处理。玉米渣要求无胚芽、无杂质、粒度在5毫米以下。将玉米渣用70℃~80℃的热水浸泡30~40分钟,使之含水分达到30%~40%后捞出。面粉、糖、小苏打等按一般饼干辅料的处理方法即可。

②加压蒸煮。将浸泡好的玉米渣加水后,放在加压蒸煮锅内蒸煮,压力为120~150千帕,时间为1.2~1.5小时,使玉米渣充分糊化和明胶化。

③水洗。将蒸好的玉米渣糊用干净水洗涤,并将清洗温度控制在40℃以上,然后捞出。

④辅料处理。选用成熟度高的无虫害及无霉变的松子、山核桃和榛子为原料,将果仁除杂后分别烘烤,烘烤温度为170℃~190℃,烤至香气逸出,七成熟即可。

⑤调制面团。先将熟玉米渣粒和面粉在和面机内混匀,加入水和果仁以外的各种配料。面团调制基本上和韧性饼干面团相同,面团调制好静置16~24分钟。

⑥成形。可采用人工压片成形的方法,制出各种形状的饼干坯,其厚度不小于熟化玉米渣的粒度,在饼干坯表面粘上果仁。

⑦烘烤。将饼干坯送入隧道式烤炉内烘烤,入炉端温度为150℃,出炉端温度为230℃~250℃,烘烤时间以5~7分钟为宜。

⑧冷却。饼干出炉后在烤盘上自然冷却,经包装即为成品。

三、玉米面包加工

玉米面包的配料为玉米粉、标准粉各2.5千克,鲜红薯丝0.3千克,精盐和干酵母粉适量。

操作要点:

①用温水将玉米面、标准粉各1千克和匀揉成软面团,用少

量温水将干酵母化开,揉进面团,放在温暖处。

②用开水将玉米粉 1.5 千克烫好,和匀,与上述面团揉匀。

③将标准粉 1.5 千克、红薯丝与面团揉匀,加入精盐适量,以面团不粘面板为宜。

④将面团切块,放入面包模具内发酵。待面团增大 1 倍时,放入烤炉内,在 176℃～190℃ 温度条件下烘焙,至面包呈金黄色时出炉。

四、玉米蛋糕加工

玉米蛋糕的配料为玉米粉 5 千克、鸡蛋 6 千克、糖稀 1.2 千克、发酵粉 0.05 千克、白糖 3 千克、植物油 0.25 千克、食盐、小苏打、鲜牛奶适量。

操作要点如下:

①将玉米粉、糖稀、食盐、鲜牛奶、发酵粉拌匀,置于蒸锅内蒸 30～35 分钟,取出冷却备用。

②将鸡蛋打入盆内,加入白糖和小苏打适量,用 3 根筷子先轻后重,先慢后快搅拌 15～20 分钟,使蛋的液体起泡变厚,色泽奶白,体积增加 1.5～2 倍。

③把蛋液拌入蒸好的蛋糕原料中,搅成均匀的糊状,静置 10 分钟。

④将蛋糕模具入炉加热,在底部涂 1 层食用油,以防粘模。把搅拌好的糊状料分装进蛋糕模具中,送进烤箱烘烤。待制品烤成金黄色时,将表面涂上一层油,即成玉米蛋糕。

五、香酥玉米豆加工

香酥玉米豆的配料为精选玉米籽粒,并去除杂质,备好食用油及白砂糖。

操作要点如下:

①浸泡。将玉米粒置于水中浸泡 16～24 小时。

②去皮。把浸泡好的玉米粒捞入浓度为 8%～9% 的食用碱水中,煮沸 1 小时,捞出,投入清水中反复淘洗,直至皮膜、粒柄除去。再将玉米粒浸于水中淘洗,直至水溶液呈中性。

③煮熟。把洗净的玉米粒放入锅中,煮至玉米粒无硬核,捞出,晒至半干。

④油炸。把半干玉米粒放入加热的食用油中,炸至金黄酥脆。

⑤拌糖粉。将白砂糖用小钢磨磨成粉状,用细筛筛在刚炸好的玉米粒上,拌匀即为成品。

六、玉米饴糖加工

玉米饴糖的配料为玉米芯老干品 60 千克,大麦芽 12 千克,麦麸 20 千克。

操作要点如下:

①碾制浸泡。把玉米芯用碾子碾制成黄豆粒大小的碎屑,加清水浸泡 1 小时后捞出,铺盖一层麦麸。

②加料蒸煮。将浸泡过的玉米芯入锅蒸煮 15～20 分钟,然后加入凉水 5 千克,搅匀,继续加热 1 小时,使碎玉米芯彻底软化后即停火,放凉。

③加浆发酵。把浸泡发胀的大麦芽加水 15 千克,研磨成浆,加入到已软化而不烫手的玉米芯中,拌匀后放入淋缸保温发酵 2～4 小时。

④制作饴糖。发酵的浆料即转化为糖液,即可入锅熬制成糊状,再经浓稠即成饴糖。

此外,以玉米为原材料,加上其他佐料,还可制作丰富多彩的其他玉米食品,如玉米豆腐、甜玉米奶糊、油炸玉米片、玉米粉条、玉米凉粉、玉米奶饮料等。

第七章 淀粉加工技术

淀粉是绿色植物中的水和二氧化碳经光合作用形成的,富集在种子、块根、块茎等植物器官中,如禾谷类的玉米、小麦、水稻等;豆类的绿豆、豇豆、菜豆等;薯类的马铃薯、甘薯、木薯等,都含有大量的淀粉。

淀粉是食品的重要组分之一,是人和动物热能的主要来源。淀粉又是许多工业生产的原、辅料,其可利用的主要性状包括颗粒性质、糊或浆液性质、成膜性质等。淀粉分子有直链和支链之分。

工业上淀粉的提取采用湿磨技术,可以从上述原料中提取纯度约99%的淀粉产品。湿磨得到的淀粉经干燥脱水后,呈白色粉末状。

第一节 玉米淀粉加工技术

玉米有很多类型,如马齿型、半马齿型、硬粒型、甜质型、糯质型、爆裂型、高直链淀粉型、高赖氨酸型和高油型等。世界上大面积种植的玉米主要是马齿型、半马齿型和硬粒型。适合生产淀粉的原料主要是马齿型,而糯质型和高直链淀粉型玉米是专用淀粉的加工原料。

一、玉米籽粒的化学成分

玉米籽粒的化学组成主要是淀粉,约占籽粒质量的71.8%,

其中,胚乳细胞里的淀粉约占籽粒质量的82%,这是把玉米作为淀粉生产原料的主要依据。此外,玉米还含有蛋白质、油质、纤维素、可溶性糖、矿物质及水分等。玉米籽粒结构的不同部分所含的化学成分的量是不同的。淀粉主要含在胚乳中;胚芽中脂肪含量最高,蛋白质、灰分及可溶性糖含量也较高;皮层主要含纤维素及灰分。马齿型玉米的化学成分见表7-1。

表7-1 马齿型玉米的化学成分

化学成分	含量(以干基计)(%)	
	平均值	主要存在部位及所占比例
淀粉	71.8	胚乳,86.6
蛋白质	9.6	胚芽,18.8
脂肪	4.6	胚芽,34.4
灰分	1.4	胚芽,10.3
可溶性糖	2.0	胚芽,11.0
纤维素	2.9	
水分(湿基)	15.0	

二、玉米淀粉加工工艺流程

玉米籽粒要充分成熟,含水量符合标准,储存条件适宜,储存期较短,未经热风干燥处理,具有较高的发芽率。

从玉米籽粒中提取淀粉需要把籽粒的各种化学组分有效分离,以便最大限度地提纯淀粉,并回收其他成分。湿磨是目前唯一的有效方法,所用设备有从国外引进的整套国际先进设备,也有我国自行研制和设计的设备。玉米淀粉生产包括玉米清理、玉米湿磨和淀粉的脱水干燥3个阶段。玉米淀粉加工工艺流程(包括副产品的回收利用)如图7-1所示。

玉米籽粒 → 浸泡 → 浸泡液 → 浓缩 → 玉米浆 渣滓筛分 → 渣滓 → 脱水

清理去杂 亚硫酸水溶液 粗破碎 胚芽分离 细磨碎 饲料

胚芽饼粕 ← 玉米油 ← 榨油 ← 脱水 ← 胚芽

蛋白粉 ← 干燥 ← 压滤 ← 浓缩 ← 麸质水

淀粉 ← 气流干燥 ← 离心脱水 ← 淀粉洗涤 ← 淀粉与蛋白质分离

图 7-1　玉米淀粉加工工艺流程

三、操作要点

(1)清理输送　玉米的清理主要用风选、筛选、密度去石、磁选等方法。其除杂方法的原理与小麦、水稻的清理相同。所用设备包括谷物清理振动筛、密度去石机、马蹄形磁铁等。清理后的玉米送至浸泡罐进行浸泡，一般采用水力输送法进行输送。这一过程也起到了清洗玉米表面灰尘的作用。

(2)湿磨分离　从玉米浸泡到玉米淀粉洗涤都属于湿磨阶段。在这个阶段，玉米籽粒的各个部分实现了分离，得到湿淀粉浆液及浸泡液、胚芽、麸质水、湿渣等。

①浸泡。将玉米浸泡在含有 0.2%～0.3%浓度的亚硫酸水中，在 48℃～55℃温度下保持 60～72 小时。亚硫酸具有防腐作用、可钝化胚芽，还可在一定程度上引起发酵而形成乳酸。一定含量的乳酸有利于玉米的浸泡。

②粗破碎与胚芽分离。物料按固液比为 1:3 进入破碎机，经两次粗破碎成玉米浆料，然后经旋液分离器分离出胚芽。在分离阶段，浆料中的淀粉乳浓度，第一次分离后应保持 11%～13%，第二次分离后应保持 13%～15%。分离出来的胚芽经漂洗，进入副食品处理工序，特别是加工玉米油。玉米油以高含不饱和脂肪酸和维生素 E 而被誉为"营养保健油"。

③细磨碎。用离心式冲击磨碎机进行精细研磨，以最大限度获得与蛋白质和纤维素相结合的淀粉。进入磨碎的浆料温度应

为 30℃~35℃,稠度为 120~220 克/升。

④纤维、麸质分离。细磨浆料中以皮层为主的纤维成分通过几道曲筛逆流筛洗,从淀粉和蛋白质乳液中被分离出去。分离出来的纤维经挤压干燥后可作饲料。由于浸泡时 SO_2 的作用,淀粉与蛋白质已基本游离出来,再经离心机的作用,可使淀粉与蛋白质分离,麸质水和淀粉乳分别从离心机的溢流和底流喷嘴中排出。分离出来的麸质(蛋白质)浆液经浓缩干燥制成蛋白粉。上述分离条件为:淀粉乳 pH 值为 3.8~4.2,稠度为 0.9~2.6 克/升,温度在 49℃~54℃。

⑤淀粉清洗。为排除 0.2%~0.3%的可溶性物质,降低淀粉悬浮液的酸度和提高悬浮液浓度,从而得到纯净的淀粉乳悬浮液。可利用真空过滤器等进行洗涤。清洗时,水温应控制在 49℃~52℃。

(3)脱水干燥　把分离得到的含量为 36%~48%的淀粉乳立即输送至干燥车间,先经离心式过滤机等机械脱水,使水分含量达 34%左右,然后采用气流干燥法使水分含量降为 12%~14%,即成淀粉产品。

第二节　马铃薯淀粉加工技术

马铃薯淀粉有其独特的分子结构和性能,是其他淀粉所无法替代的。因此,马铃薯淀粉为食品、医药、化工、石油、纺织、造纸、农业、建材等行业提供了丰富的原材料。用化学方法对马铃薯淀粉进行改性,其产品可作为水处理剂、沙土保水剂、增塑剂等使用,应用十分广泛。

一、马铃薯块茎的化学成分

马铃薯块茎中含有大量的淀粉颗粒和其他物质。主要物质含量随品种、土壤、气候、耕种技术、储存条件等原因影响而有很大不同。水分约占马铃薯全部质量的 3/4,淀粉约占块茎干物质质量的 80%。块茎中,水分为 63.2%～86.9%、淀粉为 8.0%～29.4%、纤维素为 0.2%～3.5%、糖为 0.1%～8.0%、粗蛋白为 0.7%～4.6%、脂肪为 0.04%～1.0%、矿物质为 0.4%～1.9%、有机酸为 0.1%～1.0%。用马铃薯块茎提取淀粉时,应根据测定结果,选用淀粉含量高的马铃薯。

二、马铃薯淀粉加工工艺流程

提高马铃薯淀粉提取率的关键,是尽可能地打破马铃薯块茎的细胞壁,使之释放出大量的淀粉颗粒,并清除可溶性及不溶性的杂质。马铃薯淀粉加工工艺流程如图 7-2 所示。

浓细胞液水　　　　粗渣　　　细胞液水　　　　细渣

原料洗涤 → 磨碎 → 细胞液分离 → 从浆料中洗涤淀粉 → 细胞液水的分离 → 淀粉精制 → 淀粉洗涤

成品 ← 气流干燥 ← 机械脱水 ←

图 7-2　马铃薯淀粉加工工艺流程

三、操作要点

(1)原料清洗　马铃薯通过水力输送进入洗涤机清洗,可以较彻底地清除杂质和污染物。对来自沙质土壤的马铃薯,洗涤时间 8～10 分钟即可,而在黏壤土中收获的马铃薯,洗涤时间要长些,为 12～15 分钟。

(2)磨碎　目的是尽可能使块茎的细胞壁破裂,并从中释放出淀粉颗粒。磨碎时,多采用擦碎机,也可采用粉碎机进行破碎。

(3)细胞液的分离　从马铃薯细胞中释放出来的细胞液还含有蛋白质、氨基酸、微量元素、维生素等,易在空气中发生氧化作用导致淀粉的颜色变暗,故应将这部分细胞液进行分离,以提高淀粉的质量。采用离心机进行分离时,可将浆料兑净水按

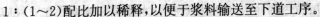

1∶(1~2)配比加以稀释,以便于浆料输送至下道工序。

(4)淀粉洗涤 利用振动筛或离心喷射筛,或弧形筛,将浆料中粗渣筛除,筛下物为淀粉及部分细渣的悬浮液。

(5)细胞液水分离 选用卧式沉降式离心机将悬浮液的细胞液水分离出去,以提高淀粉质量。

(6)淀粉乳的精制 先稀释淀粉乳,使浓度降为12%~14%,再用振动筛等把大部分细渣从淀粉乳中清除出去。经过精制,淀粉乳中淀粉干物质纯度可达91%~94%。

(7)细渣、淀粉乳的洗涤 从精制工序中分出的细渣中还含有30%~60%的游离淀粉,采用曲筛洗涤工艺将其分离出来;精制得到的淀粉乳中还含有2%~3%的杂质,可应用旋液分离器再进行清洗,使淀粉乳中淀粉干物质的纯度达到97%~98%。

(8)干燥 与上述玉米淀粉的干燥相似,可采用机械脱水和气流干燥相结合。

第三节　甘薯淀粉加工技术

一、甘薯淀粉的提取方法

甘薯提取淀粉在我国具有悠久的历史,已从传统工艺发展成现代工厂化生产工艺。甘薯品种繁多,含淀粉量高低不一。用作提取淀粉的甘薯,应选用高粉专用品种,一般含淀粉量达25%左右。

甘薯淀粉的提取方法按蛋白质分离方法的不同,可分为沉降法、流槽法、离心分离法。

(1)沉降法 这是一种适用于农村小型淀粉加工厂的最简单和传统的分离方法,是将淀粉乳置于沉淀池(或缸)中静置数小时,由于乳酸菌的作用,使比重较大的淀粉沉至容器的底部,上部则浮起一层黄色的汁水，然后将这些汁水放掉。该方法在农村应用普遍，但生产效率低。

(2)流槽法 流槽法在中小型淀粉加工厂采用较多，它是将淀粉乳在一很长的槽中使淀粉自然沉降，与蛋白进行分离，属于开式生产工艺，分离效率比沉降法高。其缺点是设施占地面积大，卫生条件差，不适于大规模淀粉生产。

(3)离心分离法 利用比重力大几千倍的离心力使淀粉和蛋白质在千分之几秒内进行分离，以达到提纯淀粉的目的，它属于封闭式生产方式。该方法具有占地面积小，淀粉利用率高，产品质量好等优点，是国内外现代淀粉生产普遍采用的方法。近年来我国新建厂普遍采用这一淀粉生产模式。

二、甘薯淀粉加工工艺流程

(1)鲜甘薯加工淀粉工艺流程 鲜甘薯由于不便运输、储存困难而必须及时加工。鲜甘薯加工淀粉季节性强，甘薯需在收获后两个月内加工，因而不能满足常年生产的需要。所以，鲜甘薯淀粉的生产多由小型工业或农村传统作坊承担。鲜甘薯加工淀粉工艺流程如图 7-3 所示。

纤维渣→作饲料
↑
鲜薯→清洗→破碎→分离纤维→分离蛋白质→沉淀→脱水干燥→包装→成品

图 7-3　鲜甘薯加工淀粉工艺流程

(2)甘薯干加工淀粉工艺流程 一般工业生产都是以薯干为原料，可实现机械化操作，淀粉的制取率也有所提高。其加工工艺流程如下：

甘薯干→预处理→浸泡→破碎→筛分→流槽分离→碱处理→清洗→酸处理→清洗→离心分离→干燥→成品淀粉

三、操作要点

(1)浸泡 甘薯经预处理去除杂质后即可浸泡。为提高淀粉制取率,可采用石灰水浸泡,使浸泡液 pH 值为 $10\sim11$,浸泡时间约 12 小时,温度控制在 $35℃\sim40℃$。浸泡后甘薯片的含水量为 60% 左右。用石灰水浸泡甘薯片的作用如下:

①使甘薯片中的纤维膨胀,以便在破碎后与淀粉分离,并减少对淀粉颗粒的破碎。

②使甘薯片中色素溶液渗出,留存于溶液中,可提高淀粉的白度。

③石灰钙可降低果胶等胶体物质的黏性,使薯糊易于筛分,提高筛分效率。

④保持碱性,抑制微生物活性。

⑤使淀粉乳在流槽中分离时,回收率增高,并可不被蛋白质污染。

(2)磨碎 是薯干淀粉生产的重要工序,直接影响淀粉的质量和制取率。一般采用二次破碎。在破碎过程中,为降低瞬时温度升高应调整粉浆的浓度,第一次破碎为 $3\sim3.5$ 波美度,第二次破碎为 $2\sim2.5$ 波美度。

(3)筛分、流槽分离 磨碎得到的甘薯糊,经筛分得到淀粉乳。淀粉乳经沉淀流槽,将其中的蛋白质、可溶性糖、色素等去除。

(4)碱、酸处理和清洗 为进一步提高淀粉乳的纯度,还需对淀粉进行碱、酸处理,然后再用水清洗。碱处理的目的是除去淀粉中的碱溶性蛋白质和果胶杂质。酸处理的目的是溶解淀粉浆中的钙镁等金属盐类,使淀粉中灰分含量降低。

(5)离心脱水、干燥 经以上工序得到的湿淀粉含水量达 50%~60%,用离心机脱水,使含水量降到 38%,然后经烘房或气流干燥,使水分含量降至 12%～13%即可。

四、农家小型甘薯淀粉厂的组建

(1)规模　加工鲜薯能力为 1 吨/小时,即 8～10 吨/天(8～10 小时)。一个生产季约 30 天,可加工 240～300 吨鲜薯,生产淀粉 48～60 吨。

(2)机器设备

选用磨浆(粉碎成刨丝)分离两体设备一套。该机具有加工产量较高、渣浆分离效率高等优点。

①磨浆。选用 420 型粉碎机,加工能力 1 吨/小时,配套动力 7.5 千瓦。

②分离。选用 F-210 型螺旋推动式过滤机,产能为 1.5 吨/小时,配套动力 4 千瓦。

以上两部分(含带混浆泵 1 台,不含电机)每套约 3600 元。亦可选用破碎推进细磨磨浆机,产能 1.2 吨/小时,配套动力 5.5 千瓦,价格约 3700 元(不含电机);分离部分配套雾化式分离机和细滤筛 1 台,动力 3 千瓦,价格约 2550 元(不含电机),磨浆与分离设备合计约 6250 元。价格虽较高,但产量比传统石磨提高 1 倍以上,而且节能 50%,出粉率与石磨相近。

(3)辅助设施

①沉淀池。大池(长 2.3 米×宽 2.3 米×高 1.0 米)5 个,小池(长 2.0 米×宽 2.0 米×高 1.0 米)4 个。造价约 1000 元。

②小型水泵 1 台,约 120 元。

③水管、电料、屋顶盛水池(代水塔),造价约 200 元。

④吊滤布 20 块,大小水盆 4 个,含其他物品约 130 元。

以上合计约 1450 元。

(4)简易厂房　加工场地和沉淀池面积约 60 米^2。应选择水源、电源,以及排污较方便的地点建厂,亦可利用废旧厂房加以改造,或庭院前后扩建,尽量节省投入。

上述总投资控制在 7000 元左右,一个生产季可获利 2 万～3 万元。

第四节　绿豆淀粉加工技术

绿豆淀粉含直链淀粉较高,具有热黏度高等性能。在食品工业中是制备粉丝、粉皮、绿豆馅的良好原料。

一、绿豆淀粉加工工艺流程

绿豆淀粉的提取方法主要采用传统的酸浆法。用这种方法提取的绿豆粉制作的粉丝色泽好、亮度大、韧性强、味道美,是其他淀粉和其他提取方法不可代替的。我国著名的龙口粉丝,就是用酸浆法提取的绿豆淀粉制作而成的。绿豆淀粉酸浆法提取工艺流程如图 7-4 所示。

```
                            酸浆
                             ↓
绿豆→清洗→浸泡→磨浆→筛分→沉淀→分离→脱水→干燥→淀粉成品
                      ↓           ↓
                      渣         黄浆水
```

图 7-4　绿豆淀粉酸浆法提取工艺流程

二、操作要点

(1)浸泡　浸泡分两次,第一次浸泡以每 50 千克绿豆加水 60 千克,水温夏季 60℃,冬季 100℃,浸泡 4 小时,用清水洗净绿豆中的杂质;第二次浸泡用冷水,浸泡时间夏天约 6 小时,冬天约 18 小时。

(2)磨浆　采用一边加绿豆一边掺水,每 50 千克原料掺水 25 千克。掺水要均匀,使绿豆磨得均匀细腻。

(3)筛分　将磨好的绿豆浆采用 80 目平筛过滤,除去豆渣。

过滤时,要在筛上喷水2～3次,总量为原料的150％,使豆渣内的淀粉充分过滤出来。

(4)沉淀 采用酸浆法,即把豆粉浆的废液放置一定时间,经自然发酵,使其逐渐变酸,成为能沉淀淀粉的酸浆。豆粉浆中除淀粉外,还含有蛋白质、细纤维等。为使它们与淀粉分开,应加入酸浆。酸浆中的乳酸链球菌具有聚集淀粉颗粒的能力,使淀粉颗粒脱离渣子中大部分蛋白质、细纤维的吸附作用,迅速沉淀下来,从而使淀粉与蛋白质和细纤维分离,经烘干即得纯正绿豆淀粉。

第五节 木薯淀粉加工技术

一、木薯淀粉加工工艺流程

木薯块根淀粉是工业上制作淀粉的主要原料之一。木薯淀粉中支链淀粉与直链淀粉之比高达80：20,因此,具有很高的黏度。利用这一特性,在发酵工业上,木薯淀粉或干片可制酒精、柠檬酸、谷氨酸、赖氨酸、木薯蛋白质、葡萄糖、果糖等。这些产品在食品、饮料、医药、纺织(染布)、造纸等方面均有重要用途。我国木薯产地主要有广东、广西、福建、云南等省(区),主要用作饲料和提取淀粉。

木薯的化学成分为淀粉及碳水化合物25％,维生素2％,蛋白质3％,水分65％,其他5％。木薯的化学组成因品种、生长期、土壤、降雨量而有很大的不同。从品种上来说,木薯可分为甜种薯和苦种薯。甜种薯适宜作食品原料,苦种薯则因淀粉含量比甜种薯高5％左右,因而适于制作淀粉。木薯中含有一种有毒物——氰配糖体。苦种薯中其含量是甜种薯的10倍。由于氰配糖体易溶于水,所制取的淀粉内一般氰配糖体含量可降到卫生标准以下。应注意的是,在生产淀粉时,应避免使用铁制设备,因为

氰配糖体与水中铁离子结合生成蓝色的亚铁氰化物,使淀粉淡着色。木薯淀粉加工工艺流程如下:

木薯→洗涤→脱皮→碎解(2次)→筛分→淀粉浆分离→酸碱处理→清洗→脱水→干燥→包装→成品

二、配套设备

(1)**前处理设备**　清洗机、脱皮机和切块机等。

(2)**碎解设备**　锤磨机、巨锤式碎解机和双级碎解机。普遍采用二次碎解工艺,以使木薯组织解体更充分、更细小,淀粉粒分离更彻底。

(3)**浆渣分离和洗涤设备**　锥形离心筛、立式离心筛和高效曲筛。

(4)**淀粉浆分离、浓缩和清洗设备**　沉降机、压水机和碟片分离机等。

(5)**干燥设备**　气流式淀粉干燥设备等。

第六节　野生植物淀粉加工技术

一、野生植物淀粉资源

(1)**果实类**　锥栗、茅栗、甜槠、苦槠、绵槠、青冈、麻栎、栓皮栎、栭栎、金樱子、田菁、马棘、芡实、薏苡、铁树籽等。

(2)**根茎类**　葛根、百合、土茯苓、金刚刺、贯丛、魔芋、芒蕨、石蒜、狗脊、蕉芋、木薯、山猪肝等。

二、野生植物淀粉加工工艺流程

野生植物淀粉有些是食品工业的原料,可制成葡萄糖、凉粉、粉皮、粉丝、白酒等;有些是经济价值很高的出口商品,还有些可以作为牲畜饲料。采集加工野生植物淀粉是农村传统的副业,也是生财致富的门路之一。

野生植物的成熟期大都在"立冬"到"冬至"期间。适时采集是保证野生植物淀粉产品质量的第一关,但采集回来后如何加工提取淀粉,直接关系到产量和经济价值。

①果实类的野生植物加工方法比较简单,只要及时去壳取仁,清除杂质,晒干,再磨粉即可。

②根茎类野生植物淀粉加工方法比较讲究,通常要掌握好洗净、制浆、过滤、沉淀、晒干等5道工序。由于采收期较长,因而加工期也较长。

三、野生植物淀粉加工实例

(1)葛根淀粉加工 葛根又称为葛藤根,含淀粉约20%。葛粉是高级淀粉,可制作凉粉、粉丝等,也是制作糕点的配粉。葛根成熟期在10～11月,采挖其根茎后,先洗去泥沙,然后剥去外层粗皮,清水泡过,切成小块,放入木槽内捣碎,再用碓臼舂碎,使根内的纤维和淀粉分离。把根渣和清水一齐放入滤水桶内,堵塞滤水口,并倒入适量的水,用木棒拌均匀。最后将滤水口打开,流出的粉水再过滤两次,经过12小时沉淀,把上面清水倒掉,清除表面和桶底的杂质,中间纯净沉淀淀粉,切成小块,置于竹席上晒干,就成为洁白纯净、干爽呈菱状的葛粉。

(2)芒蕨淀粉加工 芒蕨根含淀粉约20%,俗称山稞粉,可制成粉皮、粉丝食用,也可酿酒或制成浆,用来浆纱、浆布。芒蕨根采收期从10月到来年2月。把新鲜的根茎挖出,除去毛须,折去与根茎相连的秸秆瘤根,洗去根上土沙杂质。晒干后,放入碓臼内捣至根茎碎烂,然后装入木桶内,用清水冲洗,再用麻布袋过滤,并把尚未碎烂的根渣继续捣碎,冲洗过滤,直至根渣没有白色泡沫和黏液为止,然后把所有的滤液集中起来,用麻布袋复滤一次,放入缸内沉淀 12 小时后,倒掉粉上的清水。为提高淀粉纯度,可以反复 2～3 次,取出用布袋装好,压紧,使水分排出,再取出淀粉,切成小块,晒干,即成洁白干爽的蕨粉。

(3)山猪肝淀粉 山猪肝根茎含淀粉约 30％,可制成各种副食品,也可作酿酒原料,采收期在冬季,挖取根茎、去梗、去皮、刮去须根,用清水洗净,切成薄片,置于锅中,加清水和适量的草木灰煮 3 小时左右,再放在清水中浸 12～24 小时后,取出加工成副食品。

第七节 变性淀粉加工技术

一、淀粉变性的目的

为改善淀粉的性能和扩大应用范围,利用物理、化学或酶法处理,改变淀粉的天然性质,增加新的特性。这种经过二次加工、改变了性质的淀粉产品统称为变性淀粉。

淀粉变性的目的主要是改变糊的性质,如糊化温度、热黏度及其稳定性、冻融稳定性、凝胶力、成膜性及透明性等。例如,罐头杀菌使用的淀粉要求高温黏度稳定性好,冷冻食品要求的淀粉冻融稳定性好,果冻食品要求淀粉透明性、成膜性好。淀粉通过变性也还可有新用途,例如,纺织工业的专用淀粉、高交联淀粉代替外科手套使用滑石粉、羟乙基淀粉等代替血浆等。

二、变性淀粉的分类

(1)物理变性淀粉 例如,预糊化(α-化)淀粉,γ 射线、超高频辐射处理淀粉,机械研磨处理淀粉,湿热处理淀粉等。

(2)化学变性淀粉 用各种化学试剂处理得到的变性淀粉分

为两大类：

①淀粉分子质量下降，如酸解淀粉、氧化淀粉、焙烤糊精等。

②淀粉分子质量增加，如交联淀粉、酯化淀粉等。

(3)酶法变性(生物改性)淀粉　各种酶处理淀粉，如 α-环状糊精、β-环状糊精、γ-环状糊精、麦芽糊精、直链淀粉等。

(4)复合变性淀粉　采用两种以上处理方法得到的变性淀粉，如氧化交联淀粉、交联酯化淀粉等。采用复合变性得到的变性淀粉具有两种变性淀粉的优点。

三、变性淀粉的特点

(1)预糊化淀粉　将天然淀粉加热糊化，淀粉失去晶区结构，称为糊化淀粉或 α-化淀粉。糊化后的淀粉再经滚筒干燥或喷雾干燥，重新得到固体。这种预糊化淀粉加入冷水或热水，短时间内即能膨胀溶解于水，具有增黏、保形、速溶等优点，可用于固体饮料、快餐布丁、糕点等食品中。

(2)酸变性淀粉　用稀酸处理淀粉乳，在低于糊化温度的条件下搅拌至所要求的程度。然后用水洗至中性或先用碳酸钠中和后再用水洗，最后干燥，即得到酸变性淀粉。

酸变性淀粉与原淀粉有同样的团粒外形，但黏度比原淀粉低，在热水中糊化时颗粒膨胀较小，不溶于冷水，易溶于热水，糊化物冷却后可形成结实的胶体。酸变性淀粉适合在口香糖、软糖、果冻等食品中应用。在纺织工业中，酸变性淀粉可用作粘胶剂，增强纤维的拉力。在造纸工业中，可作为胶料，增强纸张表面的印刷能力和耐摩擦能力。

(3)氧化淀粉　氧化淀粉是一种用氧化剂处理后而得到的一种低黏度淀粉。氧化效果较好的是次氯酸钠或次氯酸钙。制备时，将淀粉调成水悬浮液，在连续搅拌的条件下，加入一定量稀释的次氯酸钠，用 NaOH 调节 pH 值为 $8\sim10$，温度控制在 $21℃\sim$

38℃。在氧化反应过程中,改变时间、温度、pH 值、次氯酸钠的浓度,可生产出多种氧化程度不同的产品。上述反应在达到理想程度时,用酸性亚硫酸钠处理淀粉浆液,终止氧化反应,调节 pH 值至中性,然后进行过滤、冲洗并干燥,即得到氧化淀粉成品。

氧化淀粉具有不溶于冷水、物化温度低、黏度下降、糊化物较清亮、冷却时不易形成凝胶体等特性,物化后再干燥可形成高强度的淀粉膜。

氧化淀粉主要用于造纸工业作胶料,也可作胶粘剂的配料,还可用于高固化的食品。

(4)交联淀粉　淀粉经多功能试剂处理后可发生交联,即试剂的多功能基团与淀粉分子的羟基分子之间形成交联。

用于加工交联淀粉的交联剂有三氯氧磷、表氯醇、三偏磷酸盐、乙酸、乙烯矾、双环氧化合物、甲醛、乙醛和丙烯醛等。

交联淀粉的制法是在 20℃～50℃的温度下,向碱性淀粉悬浮液中添加交联剂,反应进行到所需时间之后,进行过滤水洗和干燥,回收淀粉。交联的程度随交联剂的不同,反应时间等因素而有所不同。交联剂的用量一般为淀粉质量的 0.005%～0.1%。

交联淀粉团粒结构的抗高温、耐剪切和耐酸性明显增强,高度交联的淀粉在高温蒸煮条件下都难以糊化,交联淀粉的最高黏度值高于天然淀粉。食品生产中所用的交联淀粉属低交联淀粉,进行交联反应时只需很低浓度的交联剂。连续蒸煮的食品需添加交联度较高的交联淀粉;需高温杀菌处理的罐头食品、罐装的汤、汁、酱和婴儿食品等,可添加交联淀粉,使其保持一定的稠度,不溮水。

交联淀粉还可用在纺织物的碱性印花浆中,使浆具有高黏度和所要求的不黏着的黏稠度,还可在石油钻井泥浆、印刷油墨、干电池中固定电解质的介质、玻璃纤维上浆和纺织品上浆等方面应用。

(5)淀粉磷酸酯　淀粉与磷酸盐发生酯化反应,即生成淀粉磷酸酯。

淀粉磷酸酯的加工方法是将 10％的淀粉和正磷酸盐充分混合,在 pH 值 5～6.5、温度 120℃～160℃条件下加热 0.5～6 小时,可得到淀粉磷酸单酯。将淀粉悬浮于含有溶解磷酸盐的水中,将此混合物搅拌 10～30 分钟,并过滤。将滤饼进行空气干燥或在 40℃～45℃下干燥至湿度为 5％～10％,然后进行热反应。热反应时间的长短不同,获得的淀粉磷酸酯的取代度也不同。

淀粉磷酸酯在食品加工业中是水包油乳液的良好乳化剂。在火腿肠、冰激凌等食品中应用有很好的效果,还可用于纺织品上浆、黏合剂、除垢剂等方面。淀粉磷酸单酯以 0.01％的浓度加入水泥中,可改善施工性能和减少混凝土泛浆。

(6)阳离子淀粉　阳离子淀粉是淀粉与叔胺或季胺生成的衍生物,如淀粉叔胺烷基醚和季胺淀粉醚等,是一种高分子表面活性剂。其合成方法分为以下两类:

①直接合成法,即淀粉与一类含氮化合物直接反应。

②间接合成法,淀粉通过中间连接物与作为亲水基的胺类化合物结合。

阳离子淀粉带有正电荷,对带有负电荷的纤维素具有亲和能力。在造纸工业中应用,可改善纸张强度,同时也改善了滤水性。阳离子淀粉在施胶、涂布、纺织等方面都可利用。阳离子淀粉是破坏油包水和水包油乳化液的反乳化剂。可应用在工业废水中除掉重金属离子。

(7)醋酸淀粉　醋酸淀粉又称为乙酰化淀粉(或淀粉酯),是由乙酐、醋酸、乙烯酮、醋酸乙烯等与淀粉发生乙酰化的产物。

淀粉在醋酸酐中加热,在 90℃～140℃发生乙酰化,同时伴有降解作用。在 140℃的温度下,加热 8 小时后可以引入 1∶0.08 的乙酰基;15 小时以后,乙酰基含量可达 8.7％;74 小时后,达到

34％。乙酰化的淀粉糊化温度降低。乙酰基越多，糊化温度降低也越多，在糊化过程中也比天然淀粉更容易分散。

醋酸淀粉在食品、造纸和纺织工业中应用广泛。例如，在罐头、冷冻、焙烤和干制食品中，乙酰化淀粉可以满足长时间陈列在货架上承受各种温度。在纺织、造纸等方面，由于糊浆具有分散快速、黏度稳定、不凝结等特点，便于制备、储藏和使用。

(8)接枝淀粉　在催化剂硝酸铈铵的作用下，将丙烯脂接枝聚合在糊化淀粉上，生成的淀粉接枝——聚丙烯腈共聚物，经碱皂化，将腈基转化成氨基甲酰基和碱金属羟酸基团的混合体。这种聚合物除去水，便可提供一种能够吸收为自身数百至上千倍质量而不溶解的固体物质，被称为超级吸水剂。吸水后的接枝淀粉还具有很强的抗压性，保水能力极强。

接枝淀粉最适宜农业应用，例如在干旱地区用于种子和植物根须的包埋、覆盖，施于渗水过快的土壤用来保持水分。在医药方面，接枝淀粉可制作治疗疮伤的药物，还可作为柔软、吸水物品的添加剂，如一次性使用的医用绷带布、病人的垫褥、医院用的床垫垫料等。

第八节　淀粉糖加工技术

淀粉糖是以淀粉为原料、通过酸或酶的催化水解反应生产糖品的总称，诸如麦芽糊精、葡萄糖、麦芽糖、功能性糖及糖醇等。

一、淀粉糖的性质

不同的淀粉糖具有不同的性质，如甜度、溶解度、防蔗糖结晶性、胶黏性、增稠性、吸湿性和保温性、渗透压力、食品保藏性、黏度、化学稳定性、焦化性、发酵性、还原性、泡沫稳定性等均有不同。

(1)甜度 是糖类的重要性质,但影响甜度的因素很多,特别是浓度。浓度增加,甜度增高。不同糖类甜度增高程度不同。糖类的相对甜度见表7-2。

表7-2 糖类的相对甜度

糖类名称	相对甜度	糖类名称	相对甜度
蔗糖	1.0	果葡糖浆(42型)	1.0
葡萄糖	0.7	淀粉糖浆(DE值42)	0.5
果糖	1.5	淀粉糖浆(DE值70)	0.8
麦芽糖	0.5		

注:DE值为葡萄糖值,是指糖化液中还原性糖全部当做葡萄糖计算占干物质的百分率。

(2)溶解度 各种糖的溶解度不相同,果糖最高,其次是蔗糖、葡萄糖。葡萄糖的溶解度在室温下约为50%。为防止有结晶析出,工业上储存葡萄糖溶液需要控制葡萄糖含量在42%(干物质)以下,高转化糖浆的糖分组成保持葡萄糖35%~40%,麦芽糖35%~40%,果葡糖浆(转化率42%)的质量分数一般为71%。

(3)防蔗糖结晶性 蔗糖易于结晶,晶体能生长很大。葡萄糖也容易结晶,但晶体细小,果糖难结晶。淀粉糖浆是葡萄糖、低聚糖和糊精的混合物,不能结晶,并能防止蔗糖结晶。

(4)吸湿性和保温性 不同种类食品对于糖吸湿性和保湿性的要求不同。例如,硬糖果需要吸湿性低,避免遇潮湿天气吸收水分导致溶化,所以宜选用蔗糖中、低转化或中转化糖浆为好。因转化糖和果葡糖浆含有吸湿性强的果糖。软糖果、面包、糕点类食品则需要吸湿性强的糖。

(5)渗透压力 较高浓度的糖液能抑制许多微生物的生长。这是由于糖液的渗透压力使微生物菌体内的水分被吸走,生长受到抑制。单糖渗透压力约为二糖的二倍,葡萄糖和果糖都是单糖,具有较高的渗透压力。

（6）黏度　葡萄糖和果糖的黏度较蔗糖低，淀粉糖浆的黏度较高，但随转化度的增高而降低。利用淀粉糖浆的高黏度可提高产品的稠度和可口性。

（7）化学稳定性　葡萄糖、果糖和淀粉糖浆都具有还原性，在中性和碱性条件下受热易分解生成有色物质。蔗糖不具有还原性，在中性和弱碱性条件下稳定性高。一般食品均偏酸性，故淀粉糖在酸性条件下较稳定。

（8）发酵性　葡萄糖、果糖、麦芽糖和蔗糖能经酵母菌而发酵，而含量较高的低聚糖和糊精经酵母菌却难发酵。淀粉糖浆的发酵糖分为葡萄糖和麦芽糖，且随转化程度而增高。因此，生产面包类发酵食品应用发酵糖分高的高转化糖浆和葡萄糖。

二、淀粉糖加工实例

淀粉在酸或淀粉酶的催化作用下发生水解反应，其水解最终产物随所用的催化剂种类而异。在酸作用下，淀粉水解的最终产物是葡萄糖；在淀粉酶作用下，随酶的种类不同产品也不同。影响酸糖化的因素有酸的种类和浓度，淀粉乳浓度及温度、压力、时间。工业常用的糖化方法有间断糖化法和连续糖化法两种。

1. 液体葡萄糖加工

（1）工艺流程　液体葡萄糖常用的生产工艺有酸法、酸酶法和双酶法。酸法工艺操作简单，糖化速度快，生产周期短，设备投资少。液体葡萄糖酸法加工工艺流程如下：

淀粉→调浆→糖化→中和→第一次脱色过滤→离子交换→第一次浓缩→第二次脱色过滤→第二次浓缩→成品

（2）操作要点

①淀粉原料。常用纯度较高的玉米淀粉或马铃薯淀粉和甘薯淀粉。

②调浆。淀粉与水调匀，使淀粉乳浓度达到22～24波美度，

然后加入盐酸或硫酸调至 pH 值为 1.8。

③糖化。淀粉乳进入糖化罐时,边进料边开蒸汽,待压力升至 27～28 兆帕(温度达 142℃～144℃),保持 3～5 分钟,及时取样测定 DE 值,达 38～40 时,糖化终止。

④中和。将糖化液引入中和桶,用 10％碳酸钠或碳酸钙中和。中和的目的是调节 pH 值到蛋白质的凝固点,中和点一般 pH 值为 4.6～4.8。同时加入干物质量 0.1％的硅藻土为澄清剂。

⑤脱色过滤。中和糖液冷却到 70℃～75℃,调节 pH 值至 4.5,加入干物质量 0.25％的粉末活性炭,边加边搅拌约 5 分钟。

⑥离子交换。通过离子交换柱进行脱盐提纯。

⑦浓缩。将糖液 pH 值调至 3.8～4.2,进行第一次浓缩(波美度为 28～31),然后进行第二次脱色过滤至不含活性炭微粒为止,再加入亚硫酸氢钠进行第二次浓缩,并使糖液中二氧化硫含量降为 0.001％～0.004％,最后蒸发至 36～38 波美度,出料即得成品。

2. 结晶葡萄糖、全糖加工

葡萄糖是淀粉完全水解的产物。生产工艺不同,所得的葡萄糖产品的纯度也不同,一般可分为结晶葡萄糖和全糖两类。结晶葡萄糖纯度较高,主要用于医药试剂、食品等行业。全糖是为省掉结晶工序由酶法得到的糖浆直接制成的产品。葡萄糖酶法加工工艺流程如图 7-5 所示。

蒸发结晶→分蜜→干燥→无水 α-葡萄糖
蒸发结晶→分蜜→干燥→无水 β-葡萄糖
冷却结晶→分蜜→干燥→含水 α-葡萄糖
凝固→粉碎→干燥→全糖
结晶→喷雾干燥→全糖

淀粉乳→液化→糖化→精制→浓缩→浓糖浆

液化酶　糖化酶

图 7-5　葡萄糖酶法加工工艺流程

3. 麦芽糖浆(饴糖、高麦芽糖浆、超高麦芽糖浆)加工

麦芽糖浆是以淀粉为原料、经酶法或酸酶结合的方法水解而制成的一种以麦芽糖为主(40％以上)的糖浆。按制法与麦芽含量不同,麦芽糖浆可分为饴糖、高麦芽糖浆和超高麦芽糖浆等。麦芽糖浆的主要糖分组成见表7-3。

表7-3　麦芽糖浆的主要糖分组成　　　　　（%）

类别	葡萄糖值(DE值)	葡萄糖	麦芽糖	麦芽三糖	其他
饴糖	35~50	10以下	40~60	10~20	30~40
高麦芽糖浆	35~50	0.5~3	45~70	10~25	
超高麦芽糖浆	45~60	1.5~2	70~85	8~21	

饴糖是以淀粉质原料(大米、玉米、高粱、薯类)经糖化剂作用生产的。我国特产的"麻糖"、"酥糖"、麦芽糖块、花生糖都是饴糖的再制品。高麦芽糖浆与饴糖制法大同小异,只是前者的麦芽糖含量应高于普通饴糖,一般要求达50%以上,而且产品应是经过脱色、离子交换精制过的糖浆,其外观澄净如水,蛋白质与灰分含量极微,糖浆熬煮温度远高于饴糖,一般达到140℃。饴糖液体酶法加工工艺流程如下:

原料→清洗→浸渍→磨浆→调浆→液化→糖化→过滤→浓缩→成品

4. 麦芽低聚糖浆加工

麦芽低聚糖不仅具有良好的食品加工适应性,而且具有多种对人体健康有益的功能,已作为一种新的"功能性食品"原料,日益受到人们重视。麦芽低聚糖的生产必须采用专一的酶来糖化和转化。

(1)直链麦芽低聚糖加工工艺流程

淀粉→喷射液化→麦芽低聚糖酶和普鲁蓝酶协同糖化→脱色→离子交换→真空浓缩或喷雾干燥→成品

主要参数:淀粉乳质量分数25%,喷射液化DE值控制在10%~15%,加入一定量的麦芽低聚糖酶和普鲁蓝酶,在pH值为5.6、温度55℃下,协同糖化12~24小时。成品中,麦芽低聚糖占总糖比率大于70%。

(2)支链麦芽低聚糖加工工艺流程

淀粉→喷射液化→β-淀粉酶糖化→α-葡萄糖苷转移酶转化→脱色→离子交换→真空浓缩或喷雾干燥→成品

主要参数:淀粉浆质量分数30%,喷射液化至DE值为10%,按一定淀粉量加入β-淀粉酶和葡萄糖苷转移酶,在pH值为5.0、温度60℃下反应48~72小时。成品中,异麦芽低聚糖占总糖比例不低于50%。

5.麦芽糊精加工

麦芽糊精是指以淀粉为原料、经酸或酶法低程度水解、得到的DE值在20%以下的产品。麦芽糊精具有甜度低、黏度高、溶解性好、吸湿性小、增稠性强、膜性能好等特点,故常用于工业、食品等生产中。麦芽糊精生产以酶法居多。其加工工艺流程如下:

原料(碎米)→浸泡清洗→磨浆→调浆→喷射液化→过滤除渣→脱色→真空浓缩→喷雾干燥→成品

6.果葡糖浆加工

果葡糖浆是淀粉糖中甜度最高的糖品,除可代替蔗糖用于各种食品加工外,还具有许多优良特性,如味纯、清爽、甜度大、渗透压高、不易结晶等,可广泛应用于糖果、糕点、饮料、罐头、焙烤等食品中,从而提高制品的品质。果葡糖浆加工工艺流程如图7-6所示。

α-淀粉酶　　　　葡萄糖淀粉酶

淀粉→调浆→液化(DE值15~20)→液化(DE值96~98)→脱色→压滤→离子交换→初浓缩→异构化→脱色离子交换→再浓缩→高果糖浆(果糖42%,葡萄糖53%)

葡萄糖异构酶

图7-6　果葡糖浆加工工艺流程

第八章 植物蛋白加工技术

蛋白质是人类生命活动的重要物质基础。世界范围的蛋白质资源供给大部分为植物蛋白,占蛋白质总量的 70%,动物蛋白仅占 30%。植物蛋白具有经济性、营养性、功能性等优点,在建立健康的饮食结构中发挥了重要作用。因此,制取各种植物蛋白和综合加工利用显得越来越重要。

第一节 植物蛋白的种类和特点

一、油料种子蛋白

油料种子主要包括大豆、花生、芝麻、油菜子、向日葵、棉籽、红花、椰子等。

(1)花生蛋白 花生在世界各地均有生产,产量以印度、中国、美国较大。它不仅可作为零食食品,而且还是重要的榨油原料。花生渣饼和大豆粕除可用于家畜的饲料外,还可以制造脱脂花生粉、浓缩花生蛋白、分离花生蛋白等。但需注意的是,饼渣用于饲料时,易混入强致癌性物质黄曲霉素。由于此种物质随着霉的产生而形成,所以,花生饼粕在处理时要避免污染,防止黄曲霉的生长和毒素产生。

花生含蛋白质 26%~29%,其中,球蛋白占 90%,其余为清蛋白。花生蛋白可分为花生球蛋白、伴花生球蛋白Ⅰ和伴花生球蛋白Ⅱ,等电点均在 pH 值 4.5 附近。由花生加工得到的蛋白粉制品多为白色,且风味极佳,尤其是溶解性高,黏度低,具有一定的热稳定性和发泡性,可用于制造饮料及面包。在日本和印度,利用脱脂花生粉可做成类似豆腐的片状制品、麦片及花生乳等。花生球蛋白的性质见表8-1。

表8-1 花生球蛋白的性质

项 目	花生球蛋白		伴花生球蛋白Ⅰ	伴花生球蛋白Ⅱ	
硫铵法划分(饱和度)	40%		65%～85%	85%以上	
含量	70%		15%	15%	
解离与结合离子强度	低	高	高	高	低
沉淀速度/秒	9	14	1.8	8	13
分子相对质量	18万	35万	1.7万	18万	37万

(2)芝麻蛋白 芝麻具有独特的风味。皮占种子的15%～20%,约含油45%,蛋白质20%,富含甲硫氨酸,赖氨酸含量相对不足。蛋白质的85%为球蛋白,由α-球蛋白质和β-球蛋白质组成,两者比例为4∶1,沉淀速度均为13秒,相对分子质量约30万。芝麻蛋白溶解性低,其功能性利用受到一定限制。因为芝麻含有2%～3%的草酸,所以,要食用芝麻脱脂物,必须重新脱皮。脱皮后,蛋白质的相对含量约增加60%,且口感好。

(3)油菜子蛋白 油菜子颗粒小,含有40%～45%油脂,20%～25%蛋白质。蛋白质中的大部分是沉淀速度为12秒的球蛋白,相对分子质量约30万。与大豆球蛋白相似,含有酸性和碱性亚基。在植物蛋白质中,油菜子蛋白的营养价值最高,没有限制性氨基酸,特别是含有许多在大豆中含量不足的含硫氨基酸。

以油菜子的脱脂物为原料,可加工浓缩蛋白。蛋白质在提取、分离等加工过程中,易受到加热变性的影响,使蛋白质溶解度降低,不能形成胶体。但该种蛋白质制品具有很好的保水性与持油性,因而可应用于红肠等畜肉制品的加工。此外,经分离得到变性少的蛋白质,其乳化性、发泡性、凝胶形成性均较好。

(4)向日葵蛋白　向日葵是俄罗斯和欧洲一些国家重要的油脂原料,也是世界食用油生产量较大的一种。向日葵脱脂物的加工利用,关键是去除向日葵中石炭酸以及种子的外皮。向日葵脱脂物中含有 3％～3.5％石炭酸。因此,在加工过程中,会因 pH 值的不同,而产生黄绿色色变。

向日葵中 70％～80％的蛋白质由具有盐溶性的球蛋白构成。从营养角度来看,向日葵蛋白的赖氨酸含量少,是营养上的限制因子。

向日葵蛋白质不易形成凝胶,但具有优良的起泡性和发泡稳定性,并且向日葵的脱脂物具有很好的组织形成性,利用挤压成形机,能制成组织状向日葵蛋白制品,但不足之处是产品的外观颜色较灰暗。

(5)棉籽蛋白　棉籽中约含 20％蛋白质,是较丰富的蛋白质资源。但是,棉籽中含有毒性物质——棉籽酚,使得它在食品和饲料的利用方面受到限制。棉籽酚可通过育种或适当的加工技术去除。

棉子的氨基酸组成中,赖氨酸、蛋氨酸含量较少。由棉籽脱脂粉加工的蛋白质具有在酸性条件下易溶的特性。因此,该蛋白质制品适用于制作酸性饮料,又因其在中性环境中难溶,机能特性很少,也常被用于制作面包和点心。

二、豆类蛋白

豆类中含有的储藏蛋白几乎都存在于蛋白质体中。蛋白质体中的 80％左右是蛋白质,除此之外,还有大量的植酸钙镁盐。豆类蛋白中谷氨酸、天门冬氨酸等酸性氨基酸含量较多,而碱性氨基酸含量较少。因此,豆类中等电点偏向弱酸性的蛋白质含量多。

豆类蛋白可分为豆球蛋白和伴豆球蛋白两种。两者共占蛋白质总含量的80%左右,还含有沉淀速度为2秒的球蛋白质、植物凝集素和清蛋白质。

(1)豆球蛋白 豆球蛋白是豆科植物种子中具有代表性的蛋白质,分子质量约 $35 \times 10^4 u$,是伴豆球蛋白的1倍以上。豆类球蛋白的主要特征是含有谷氨酸、天门冬氨酸、精氨酸。与伴豆球蛋白相比,豆球蛋白的含硫氨基酸较多,含糖的蛋白质较少。

豆球蛋白由多个亚基组成。在亚基之间凭借侧链上的氨基酸之间的相互作用,如共价结合、疏水作用以及双硫键等,形成更稳定的高级结构。

(2)伴豆球蛋白 伴豆球蛋白相对分子质量为15万~20万,氨基酸含量与豆球蛋白相同,谷氨酸和天门冬氨酸较多。可是与豆球蛋白相比,含硫氨基酸较少,糖含量高。

与豆球蛋白相同,伴豆球蛋白含有酸性和碱性亚基,但未形成中间体。多数的伴豆球蛋白由3个亚基构成,亚基间通过非共价键相结合。它与大豆的 β 伴大豆球蛋白相似,糖蛋白含量较多。

三、谷类蛋白

谷类蛋白不溶于水或盐溶液。其主要成分分为能溶解于酒精的醇溶蛋白和能溶解于碱溶液的谷蛋白。

醇溶蛋白含量最多的是黍类植物。玉米、黍子种子蛋白质中含有50%~60%醇溶蛋白,30%~45%谷蛋白。醇溶蛋白储存在蛋白质体中,而谷蛋白在蛋白质体的内外均有分布。

小麦、大麦、黑麦等禾谷类作物种子的蛋白质中,醇溶蛋白与谷蛋白的含量基本相同,为30%~50%。在种子灌浆成熟过程中,这些蛋白质存在于蛋白质体中,一旦种子成熟后,蛋白质体消失,蛋白质便存在于种子的胚乳中。

大麦和稻米的蛋白质以能溶解于碱性溶液的谷蛋白为主要成分。在稻谷中,它作为一种储存蛋白质存在于内胚乳的蛋白质体中。荞麦种子中的蛋白质以具有水溶性和盐溶性的蛋白为主要成分。虽然荞麦不属于禾本科作物，但因为其性质与用途与谷类相似，所以在食品学中，荞麦被纳入谷类之中。谷类中的蛋白质含量见表8-2。

表8-2　谷类中的蛋白质含量　（％）

种类	蛋白质量	清蛋白质	球蛋白质	醇溶蛋白质	谷蛋白质
玉米	7～13	微量	5～6	50～55	30～45
黄米	7～16	10～11	10～11	57	30
小麦	10～15	3～5	6～10	40～50	30～40
大麦	10～16	3～4	6～20	35～45	35～45
黑麦	9～14	9～14	5～10	30～50	30～50
米	8～10	微量	2～8	1～5	85～90
燕麦	13	1	13	18	68
荞麦	11～15	13	54	11	32

　　小麦约含有13％的蛋白质，是谷类中含蛋白质较高的一种。构成面筋的麦胶蛋白和麦谷蛋白是小麦籽粒中的主要蛋白质。

　　(1)麦胶蛋白　小麦麦胶蛋白和麦谷蛋白一起构成面粉中的面筋质。其相对分子质量为2.7万～2.8万，等电点为pH值6.4～7.1。它溶解于中等浓度的乙醇（在60％～70％乙醇中溶解度最大），而不溶于无水乙醇。在稀甲醇、丙醇、苯、醇溶液、酚对甲苯和冰醋酸溶液中都能溶解，也能在弱酸和弱碱溶液中溶解。

　　小麦麦胶蛋白含有17.7％氮素，水解时能生成大量的氨、谷氨酸、脯氨酸及少量的组氨酸和精氨酸，其中，谷氨酸的含量高达38.87％。因此，也常用小麦面筋制取味精（谷氨酸钠）。

　　(2)麦谷蛋白　麦谷蛋白不溶于水和酒精。麦谷蛋白与麦胶蛋白结合在一起很难分离，稍溶于热的稀乙醇中，但冷却后便成絮状而沉淀。只有新制得的、尚未干燥的麦谷蛋白才非常容易溶解在弱碱和弱酸中，并在中和时又沉淀出来。

(3)麦清蛋白 小麦籽粒中还含有 0.3%～0.4%麦清蛋白，等电点为 pH 值 4.5～4.6。虽然在整个籽粒中的含量不多，但它在胚里的含量则占全干物的 10%以上。其物理性质和水解产物类似于动物性蛋白质。

(4)面筋 小麦中蛋白质的重要特征是在调制面团时蛋白质形成面筋。面筋的含量和质量决定了面粉的加工特性和面粉制品的品质。当小麦面团在水中揉洗的时候，它的一部分淀粉粒和麸皮微粒脱离面团成为悬浮状态，另一部分溶解于水中，剩余部分为块状的胶皮状物，称为面筋。小麦面筋的质量和数量主要与小麦粉中蛋白质的含量、构成和性质有关。对洗净的小麦面筋的化学分析证明，面筋是多种蛋白质聚合物，还含有少量的淀粉、纤维素、脂肪和矿物质。面筋的干物质按面粉品质的不同含 70%～80%的蛋白质。面筋的氨基酸组成中特别缺乏赖氨酸。因此，小麦粉蛋白质属于不完全蛋白质。面筋的成分及含量见表 8-3。

表 8-3　面筋的成分及含量

成分	含量	成分	含量
麦胶蛋白	43.02%	脂肪	2.80%
麦谷蛋白	39.10%	糖	2.13%
其他蛋白质	4.41%	淀粉	6.45%

四、螺旋藻蛋白

螺旋藻中蛋白质含量高达 70%，每单位总量所含的蛋白质比牛肉高出 3 倍。1 克螺旋藻粉所含的营养相当于 1 千克的蔬菜。螺旋藻所含氨基酸种类多，特别是人和动物所必需的赖氨酸、苏氨酸，含量也相当丰富；还含有胡萝卜素，是胡萝卜含量的 10 倍；含有丰富的维生素 B 系列，特别是 B_{12} 的含量是动物的 20 倍。螺旋藻已成为食品界备受关注的蛋白质源，认为螺旋藻是最具有潜力生产单细胞蛋白质的藻类。联合国粮农组织对螺旋藻的研究

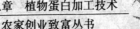

公布后,被公认为"最佳蛋白质来源之一"、"全球人类最理想的食品"。

螺旋藻细胞壁极薄,易消化,消化率达80%。螺旋藻除可作食品、食品添加剂、饲料外,还可作为医药原料。福建省顺昌县2008年生产螺旋藻粉2600多吨,占全国产量的27%,成为全国生产螺旋藻产品畅销国内外。

第二节　大豆蛋白加工技术

一、浓缩蛋白加工

浓缩蛋白是以低温脱溶豆粕为原料、通过不同的加工方法、除去低温粕中的可溶性糖分、灰分以及其他可溶性的微量成分,使蛋白质的含量从45%～50%提高到70%左右而获得的制品。

浓缩蛋白的加工方法主要有酒精浸提法、稀酸浸提法和湿热处理3种。其中,最为常用的是酒精浸提法和稀酸浸提法。不同加工方法的浓缩蛋白质量比较见表8-4。

表8-4　不同加工方法的浓缩蛋白质量比较

项　目	酒精浸提	稀酸浸提	湿热处理
氮溶解指数(NSI)/(%)	5.0	69.0	3.0
1：10水分散液 pH 值	6.9	6.6	6.9
蛋白质含量/(N×6.25%)	66.0	67.0	70.0
水分含量/(%)	6.7	5.2	3.1
脂肪含量/(%)	0.3	0.3	1.2
粗纤维含量/(%)	3.5	3.4	4.4
灰分含量/(%)	5.6	4.8	3.7

以酸浸提法制取的浓缩蛋白的氮溶解指数最高,可达69%;而湿热处理和酒精浸提的蛋白的氮溶解指数(NSI)未超过5%。

这说明湿热处理和酒精浸提引起了蛋白质的变性。但以质量分数为50%～70%的酒精浸提,洗除低温粕中所含的可溶性糖类(如蔗糖、棉籽糖、水苏糖)、可溶性灰分及可溶性微量成分后获得的浓缩蛋白,在气味上优于其他两种方法制取的产品。

稀酸法主要是利用蛋白质在 pH 值 4.3 附近氮溶解指数(NSI)最低的特性,洗除了低温粕中的可溶性糖分、可溶性灰分和其他微量成分,并且产品中含较多的水溶性蛋白质。

(1)酒精浸提浓缩蛋白加工工艺

①应使用成套设备加工。首先将低温脱溶豆粕经风机吸入集料器,再经螺旋运输机送入酒精洗涤罐中进行洗涤。洗涤罐有两只,内装有摆动式搅拌器,可轮流使用。每次装低温粕的同时按料液比1∶7的比例,由酒精泵暂存罐内吸入 60%～65%的酒精。操作温度为 50℃,搅拌 30 分钟。每个生产周期为 1 小时。洗涤过程中,可溶性糖分、灰分及一些微量组分便溶解于酒精中。为尽量减少蛋白质损失,必须选用 60%～65%酒精。因这时的蛋白质 NSI 仅为 9%,低于任何浓度的酒精。

②洗涤后,从罐中将蛋白质淤浆物由泵送入管式超速离心机进行分离,分离出固形物和酒精溶液。分离出来的酒精要回收再利用。分离出来的酒精糖溶液首先被送入一效蒸发器中进行初步浓缩,再由泵送入二效蒸发器中进一步蒸除酒精,其操作真空度为 66.7～73.3 千帕,温度达 80℃。最后浓缩糖浆由二效蒸发器底部排出,另作他用。从一效、二效蒸发分离器出来的酒精暂存罐中,通过泵送入工作温度为 82.5℃酒精蒸馏塔中蒸馏,一方面制取浓酒精,另一方面脱除酒精中的不良气味。

③从离心机中分出的浆状物进入二次洗涤罐,以 80%～90%的酒精洗涤。研究指出,用 95%热酒精洗涤,可使蛋白质具有较好气味、氮溶指数(NSI)和色泽。一次洗涤后泵入内装搅拌器的二次洗涤罐,在温度 70℃的条件下进行二次洗涤 30 分钟。经过

两次洗涤后的淤浆物,由泵送入真空干燥器上的暂存罐中,经闸门阀流入卧式真空干燥器进行脱水干燥,脱水时间 60～90 分钟,真空度 77.3 千帕,温度 80℃。

(2)稀酸浸提浓缩蛋白加工工艺　其加工工艺流程是先将通过 100 目的低温脱溶豆粕粉加入酸洗罐中,加入 10 倍质量的水搅拌均匀后,再加入 37%的盐酸,调节 pH 值至 4.5,搅拌 1 小时。这时大部分蛋白质沉析,粗纤维形成浆状物。内中有一部分可溶性糖、灰分及低分子蛋白质形成乳清。将浆状物送入碟式离心机中进行液固分离。固态浆状物流入一次水洗罐内,在此连续加水洗涤,然后经泵注入第二部碟式离心机中分离脱水。浆状物流入二次水洗罐中进行二次水洗,再由泵注入第三部碟式离心机中分离废水,浆状物流入中和罐内,加入适量碱调节 pH 值为中性,经泵压入干燥塔中,脱水干燥即为成品。

为防止酸的腐蚀,以上所有生产设备、管道应该用不锈钢制造。制成的产品可以是酸性浓缩蛋白液,也可以是加碱中和(pH 值为 6.5～7.1)的中性浓缩蛋白液。调节浆液温度为 60℃,黏度达 30 米^2/秒时,可进行喷雾干燥得成品。

二、分离蛋白加工

分离蛋白是指除去大豆中的油脂、可溶性及不可溶性碳水化合物、灰分等的可溶性大豆蛋白质。分离蛋白加工工艺流程如图 8-1 所示。

首先用弱碱溶液浸泡低温脱溶豆粕,使可溶性蛋白、碳水化合物等溶解出来,利用离心机除去溶液中不能溶解的纤维及残渣。在已经溶解的蛋白溶液中,加入适量的酸液,调节溶液的 pH 值达 4.5,使大部分的蛋白从溶液中沉析出来。这时,只有大约 10%的少量蛋白仍留在溶液中,这部分溶液称为乳清。乳清中除含有少量蛋白外,还含有可溶性糖分、灰分和其他微量成分。然

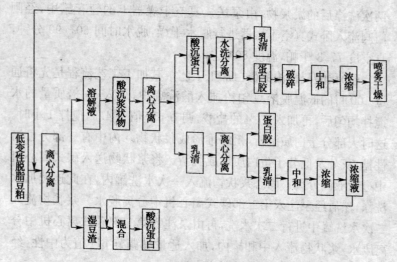

图 8-1　分离蛋白加工工艺流程

后将用酸沉析出的蛋白质凝聚体进行破碎、水洗,送入中和罐内,加碱中和溶解成溶液状态。将蛋白溶液调节到合适浓度,由高压泵送入加热器中,经闪蒸器快速灭菌后,再送入喷雾干燥塔中脱除水分,即制成分离蛋白。

分离出来的大豆蛋白是高度精制的蛋白。其蛋白质含量一般在 90% 以上,分散度为 80%~90%,具有较好的功能。因此,分离大豆蛋白作为食品加工助剂有较好的实用价值。

三、组织蛋白加工

组织蛋白是指蛋白质经加工成形后,其分子发生了重新排列,形成具有同方向组织结构的纤维状蛋白。

组织蛋白加工工艺流程为原料粉碎、加水混合、挤压膨化等。膨化的组织蛋白形同瘦肉又具有咀嚼感,所以又称为膨化蛋白或植物蛋白肉。

(1)组织蛋白产品的特点　加工时的热处理使产品组织结构

发生变化,从而使大豆组织蛋白产品具有以下特点:

①蛋白呈粒状结构,具有多孔性肉样组织,并有优良的保水性与咀嚼感,适用于各种形状的烹饪食品、罐头、灌肠、仿真营养肉、盒式营养餐食品等。

②经过短时高温,以及在高水分与压力条件下的加工,消除了大豆中所含的胰蛋白酶抑制剂、尿素酶、皂素和血球凝聚素等多种有害物质的生理活性,显著提高了蛋白质的吸收消化能力。由于膨化蛋白变性强烈,产品的蛋白质分散性指数(PDI)值在10%左右,使人体必需的氨基酸成分也有一定程度的破坏,据测定分析损失为5.5%～33%。

③膨化时,由于出口处迅速减压喷爆,因而易去除大豆制品中产生不良气味的物质。

(2)组织蛋白加工工艺 组织蛋白的生产过程是在挤压膨化机里完成的。物料通过膨化机膛内的机械揉合、挤压和高温、高湿作用,改变了蛋白质分子的组织结构,使其成为一种易被人体消化吸收的食品。组织蛋白挤压膨化的设备有单螺杆膨化机和双螺杆膨化机。

生产时,将低温脱溶豆粕粉投入喂料器,喂料螺旋输入器将其不断地输入到预调器内。在预调器中加入适量水分、营养物质和调味剂等进行配料。预调好的物料送入混合机进行充分的搅拌和混合,形成湿面团。湿面团再被送入膨化机膛内做进一步的挤压、捏合、加热。在膨化机膛内,挤压产生的高压、高温和高湿环境使蛋白质分子产生变化呈融溶状态,在出口处被排出,并膨胀冷却形成长条状产品。由于外界压力低,蛋白条状物中水分迅速减压蒸发,使产品膨化为多孔物。该长条状组织蛋白再经切割形成长短不同的颗粒状膨化蛋白产品。

四、大豆蛋白的利用

大豆蛋白由于具有丰富的营养和许多优良的功能特性,因此被广泛应用于多种食品,如肉类制品、焙烤食品、乳制品、饮料等。

(1)添加于肉类制品 由于多数大豆蛋白制品具有乳化性、持水性,通过结合肉中的脂肪和水分,减少肉制品在蒸煮加工时造成的损失,改善产品的组织结构,还可以降低生产成本,而不影响其营养价值。所以,大豆蛋白应用在肉制品中,能满足消费者对产品价格和质量的双重要求。

(2)添加于焙烤食品 大豆蛋白的赖氨酸含量较高,把它们添加到各类食品中,不仅能提高产品的蛋白质含量,而且还能根据氨基酸互补的原理,提高焙烤食品的质量,起到营养强化的作用。美国研究者发现,面粉中含有影响面筋发酵的谷脘,而脱脂豆粉可以将谷脘稀释,有利于面制品中酵母的发酵。同时,大豆蛋白中含有脂肪氧化酶,可分解面粉中的胡萝卜素,使面粉增白,起到面粉漂白作用。大豆蛋白中含有的还原糖可改善焙烤制品的色泽,增加香味。添加大豆粉的面包在焙烤时可使表面呈现金黄色。另外,由于大豆蛋白具有较高的吸水性(达原质量的 2.5～3 倍),面包不易老化和变性,相对地延长了货架期。大豆蛋白的一般添加量为 3%～5%。

(3)生产豆乳制品 近年来,国内外植物蛋白饮料得到很大发展,除利用全大豆生产各种豆奶类饮料外,也可以以大豆蛋白为原料生产含大豆成分的乳制品。目前市场上的产品有豆牛奶、代牛奶、咖啡伴侣、低奶酪、冰激凌、代奶油等多种食品。

第三节　油料蛋白加工技术

一、花生蛋白加工

花生蛋白(花生球蛋白为 90%,清蛋白约 10%)的营养价值较高,生物价(BV)为 58,蛋白效价(PER)为 1.7(酪蛋白为 2.5),

比面粉(1.0)、玉米(1.2)高。花生蛋白中赖氨酸含量比大米、小麦、玉米高，对人体健康特别是对儿童具有较好的维护功能。花生蛋白加工一般采用低温预榨-浸出法和低温预榨-水溶提取法。

(1)低温预榨-浸出法　将花生仁精选除杂，经烘干调整水分至4%～5%后，破碎花生至2～4瓣，脱除胚芽(脱除率50%以上)和红衣(脱除率在90%以上)。经粉碎、115℃蒸炒40分钟后，进行低温预榨，用溶剂正己烷浸出油脂，最后脱除溶剂并磨碎，过110目筛。这种花生粉除油率达99%，蛋白质含量在55%以上。

(2)低温预榨-水溶提取法　水溶提取法是利用花生蛋白溶于水的特点，将花生仁磨碎，而后用水将油和蛋白分离并除去纤维，可得到用于加工各种食品的低变性花生蛋白。这种方法比溶剂浸出法安全，设备也较简单，除油率可达91%以上，蛋白质提取率可达90%。低温预榨-水溶提取法加工工艺流程如图8-2所示。

维生素 / 出料(干物质35%)◄───压榨◄──

花生►清理►去皮和胚芽►磨碎(花生仁∶水=1∶8)►提取(PH值9)►离心分离►
加热(55℃)►离心机►乳油►均质►油澄清►油 (90%)

　　►真空浓缩►喷雾干燥►蛋白粉(含95%～97%干物质)
　　流出物(1.1%干物质)◄────────────

　　►离析法冷却(20℃)►蛋白质沉淀(pH值4.7)►篮式离心机►
　　蛋白质(40%～50%干物质)

图8-2　低温预榨-水溶提取法加工工艺流程

(3)花生蛋白的利用

①添加剂。利用花生蛋白水溶性好、溶解度高，以及香味，可生产代乳品、饮料等强化食品，或单独冲调，或与奶粉等混合冲调饮用，均能形成稳定的胶体溶液，并且有花生特有的风味。在此类制品中，花生浓缩蛋白的用量为10%～50%，分离蛋白为5%～30%。冰激凌、焙烤食品、儿童食品和健康食品等一般添加浓缩蛋白4%～10%，分离蛋白2%～7%。

②吸油保水剂。利用花生蛋白的吸水性、保水性、吸油性、乳化性等特性,将花生蛋白添加到火腿、香肠、法兰克福肠、午餐肉等畜禽肉制品中,可保持肉汁,促进脂肪吸收,使油水界面张力降低,蛋白质在油滴的表面形成保护层,增强了油滴在肉品中的乳化性及稳定性。因此,加入花生蛋白的制品,组织细腻,风味口感良好,且富有弹性。

③发泡稳定剂。花生蛋白粉经酶法处理后,是很好的发泡剂,广泛应用于糖果、中西糕点、冰激凌等食品中。例如在充气糖果生产中,加入 1%~2% 的花生蛋白粉,控制温度在 35℃ 左右,质量分数 25% 左右时,同样可以起到蛋白粉或明胶的作用。

④花生蛋白肉。将脱脂花生粉加水 25%,纯碱 0.7%,食盐 1%,混合均匀,利用挤压膨化方法改变花生蛋白的组织形态,经纺丝集束、挤压喷爆等加工处理,生产模拟畜禽肉,使之具有瘦肉感,即为花生组织蛋白,故称花生仁蛋白肉。若配以佐料,可制成具有牛肉、猪肉、鸡肉、海鲜等风味的人造食品,成为餐桌上的美味佳肴。

二、油菜子蛋白加工

油菜子在现代工业生产条件下加工时,通常可得到 35%~40% 油,50%~55% 粕。菜子粕中含有 35%~45% 蛋白质,其中,可消化蛋白达 28% 左右。菜子蛋白含有大量人体必需氨基酸和含硫氨基酸,而且氨基酸组分的配比较平衡,其营养品质可与大豆蛋白相媲美。但是菜子粕中含有 0.5%~5% 芥子甙,0.5%~1.0% 的芥子碱,还有植酸和单宁等对人体和畜、禽生理有毒害作用的物质。菜子粕中的这些有害物质含量较高且难以脱除。因此,去毒处理是合理利用菜子粕作食用蛋白和饲料蛋白的重要一环。

油菜子蛋白的提取有后处理法和前处理法。两种方法的核心是去除菜子中芥子甙和芥子碱等毒性成分。

(1)发酵中和法　该工艺的基本原理是芥子甙在适量的水和适宜温度下通过酶水解毒素。产生的挥发性部分在搅动下挥发排除,不挥发部分在烧碱作用下氧化,转变成无毒的物质。

在发酵池中加入清水,加温至 40℃,然后投入粉碎的菜子饼粕进行发酵。饼粕与水之比为 1∶(3.7～4),保持温度在 38℃～40℃,每隔 2 小时搅拌一次。芥子甙恢复活性后,被饼粕中的芥子酶水解,形成挥发性的异硫氰酸酯。16 小时后,pH 值达 3.8,继续发酵 6～8 小时,滤去发酵水,其中大部分芥子甙分解物随水流去,加清水到原有量,搅拌均匀,经 10％碱液氢氧化钠(NaOH)中和(pH 值 7～8)后再沉淀 2 小时滤去废液,所得湿饼粕即为脱毒菜子饼,脱毒率可达 90％～98.5％。如需长期储存,再将其烘干。

(2)碱法脱毒　碱法脱毒原理是芥子甙在较高温度和湿度下与碱作用,生成物中的大多数挥发物质可随蒸汽逸出,而异硫氰酯类化合物和菜子饼粕中的蛋白质结合,生成无毒的硫脲型化合物。

碱法脱毒的具体做法是把压榨或浸出的脱脂菜子饼粕粉碎,过筛除去粗块,均匀喷洒碱液(纯碱比烧碱效果好)。碱的用量为喷洒前湿饼粕质量的 2％～3％,控制水分为 18％～20％,用间接蒸汽预热至 80℃,保持 30 分钟,再用直接蒸汽蒸、间接蒸汽保温45 分钟,使温度维持在 105℃～110℃,最后进行烘干,使水分降至 13％以下。此法脱毒率可达 96％以上。

(3)溶剂浸出法及其他处理法

①水浸法。芥子甙是水溶性物质,采用水洗法去毒简便。把饼粕和水按 1∶4 混合后进行保温(38℃左右),发酵 24 小时,然后进行过滤,除去滤液后的饼粕再用清水冲洗两次即可做饲料。如用蒸煮和两次水浸结合处理,不仅可除去饼粕中的毒素,而且

可使蛋白质得到改善,更易于动物的消化。该法基本上与发酵法类同。

②有机溶剂浸出法。用 0.1 摩尔/升(摩尔即 mol,为物质的质量单位)的氢氧化钠(NaOH)乙醇溶液、85％甲醇溶液或 70％丙酮水溶液都能有效除去整粒菜子中的芥子甙。如果先将菜子煮沸 2 分钟,再用碱性乙醇多级浸取效果更好。

③酸性溶液浸出法。用 15％的工业硫酸在 60℃下处理 6 小时,所得粕中不含芥子甙,粕中蛋白质的氨基酸组成基本不变。

溶剂浸出法脱毒比较彻底,但是物质损失较大(15％～20％)。几种溶剂提取法中水浸法费用较低,设备简单,适于制取食用菜子蛋白。

④其他处理法。微波处理法可钝化芥子酶。动物肠道中常会有芥子酶活性的菌类,或其他饲料也可能混有其他十字花科植物的芥子酶,因此仍可能产生有毒物质。

氨处理法虽然能很好地去除芥子甙,但该方法必须用纯氨水。农用氨水不纯,容易引起污染。

(4)油菜子蛋白的利用 浓缩菜子蛋白,吸水性可达 500％～800％,而大豆蛋白为 400％。因此,这种油菜子浓缩蛋白可用做食品加工用的添加剂,如用在肉馅、香肠、面包、饼干等食品中,添加量一般为 5％～15％。但菜子浓缩蛋白中植酸含量很高,影响人体对锌和铁的吸收,因此,要注意此类食品中锌、铁的强化。

三、葵花籽蛋白加工

葵花籽油是一种高质量油,取油后的葵花籽粕含有高于其他谷类的蛋白质,是植物蛋白的重要来源之一。

葵花籽蛋白的制取要考虑产品的获得率和质量,更要考虑有效地除去绿原酸等成分,以使产品满足食品工业的需要。

(1)葵花籽浓缩蛋白 葵花籽浓缩蛋白的制取可用 70％乙

醇、酸性溶液等溶剂提取原料中的绿原酸、水溶性糖、无机盐等，而后用通常的方法加工成葵花籽浓缩蛋白。

(2)葵花籽分离蛋白　葵花籽分离蛋白的生产工艺基本上与大豆分离蛋白相似，采用的原料是低温脱溶的葵花籽粕，利用蛋白质的溶解性，用稀盐或稀碱溶液进行萃取，滤液用酸调节 pH 值至等电点，使蛋白质沉淀出来，经过水洗、中和、干燥，即得到分离蛋白。

(3)葵花籽蛋白的利用　葵花籽蛋白制品具有良好的功能特性，特别是吸水性、吸油性、乳化性、起泡性。葵花籽浓缩蛋白具有近似新鲜鸡蛋清的发泡性。

①用于一般食品。把 1％～2％的脱脂葵花籽蛋白粉经湿热蒸煮 1 小时后，加入面包等食品中，可以强化营养，弥补面粉中必需氨基酸含量的不足，还可以增加面包瓤的弹性，起到防止面粉中淀粉老化的效果。

②婴儿食品的良好添加剂。葵花籽蛋白与大豆蛋白相比，赖氨酸含量较低，但蛋氨酸含量较高。把葵花籽蛋白与大豆蛋白相组合，添加到婴幼儿食品中，可起到营养强化作用。

③肉制品中的添加剂。把葵花籽蛋白添加到香肠等肉制品中，熏制时收缩性小，不仅可以防止油脂分离，重量损失少，还可以增加香肠的嫩度，使制品更富有良好的适口性。把葵花籽组织蛋白(30％)添加到馅饼、包子、饺子等食品的馅料中代替猪肉，不仅能减少食品中的动物脂肪，降低胆固醇含量，而且还降低了成本。

④制作人造牛奶等饮料。葵花籽蛋白气味柔和、无豆腥等异味，是高级饮料和人造牛奶的良好原料。将葵花籽蛋白浓缩浆经 80℃热处理，并经机械搅拌后加乳化剂，制成含蛋白 3％乳浊液，将其与牛奶以 1∶1 的比例混合，可得到具有较好香味和色泽的混合乳。

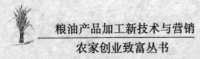

第四节 谷物蛋白加工技术

谷物蛋白主要是指从谷物的胚乳及胚中分离提取出来的蛋白质,主要有小麦蛋白、玉米蛋白。大米蛋白含量较低,为8％左右,一般不作提取。世界大多数人口的食物蛋白质绝大部分来源于谷物,因此,开发利用谷物蛋白对解决人类食用蛋白质的缺乏问题将产生积极影响。

一、小麦蛋白加工

小麦蛋白含量为8％～13％。其中,麦谷蛋白含量为40％～45％,醇溶蛋白为35％～40％,清蛋白为10％～20％,还有微量的球蛋白等。在小麦蛋白中,麦谷蛋白和醇溶蛋白构成小麦面筋的主要成分。

(1)小麦蛋白加工工艺流程 小麦蛋白产品按性状不同可大致分为粉末状、膏状、粒状和纤维状4种。小麦蛋白加工工艺流程如图8-3。

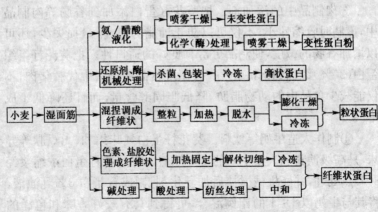

图8-3 小麦蛋白加工工艺流程

(2)粉末状制品加工　在小麦粉中加入水调制面团,然后水洗除去淀粉,分离出湿面筋。按图 8-3 的工艺可制造未变性的蛋白粉。这种蛋白粉加水便可产生黏弹性,俗称活性面筋;或通过添加还原剂等处理制成温度较低的凝胶化变性蛋白粉。为尽可能抑制活性面筋的变性,一般采用喷雾干燥法。干燥时间越短,变性程度越小。在将湿面筋液化时,一般采用氨水或醋酸为分散剂。氨水分散液与醋酸分散液相比黏度低,易于喷雾干燥。

(3)膏状制品加工　如果将湿面筋原样用于食品,由于面筋所具有的黏弹性和凝固性,难于和鱼肉、畜肉加工品混合均匀,或由于面筋的凝固温度较高而不能使用。为解决这个问题,常利用还原剂切断面筋 S—S 键的结合,在降低面筋黏弹性的同时也降低了面筋凝胶化的温度。一般面筋凝胶化的温度为 80℃,而这种面筋在 60℃时就可凝胶化。这种面筋一般冷冻后出售,称为变性面筋或加工面筋。

(4)粒状制品加工　湿面筋与淀粉、增黏剂、盐、酶等混合,搅拌、揉和后,使面筋形成特有的三维结构,然后加热蒸煮使组织固定化,可制成口感类似于肉制品的面筋制品。这种制品的加工方法有挤压式(见大豆蛋白部分)和和面机搅拌式。后一种方式是在湿面筋中混合其他的蛋白质,使面筋结成的网络结构部分被破坏,形成柔软的网状结构,再加上适当地细切、热处理凝胶化固定其组织,便可制成类似肉制品口感的制品。

(5)纤维状制品加工　其制法有分散式和纺丝式两种。

①分散式是将湿面筋中的 S—S 键还原切断,使面筋大分子低分子化,使其具有流动性和溶解性。然后将其溶于水中,一边搅拌给以剪切力,形成剪切作用;一边加热使其凝胶化,形成组织具有一定的方向性、纤维状的制品,然后按设计要求切断成形。

②纺丝式的制法与大豆蛋白相同,主要是将面筋碱性液从微

孔中喷出到凝固液中,使面筋凝固呈丝状。

(6)小麦蛋白的利用 小麦蛋白和大豆蛋白同样具有广泛的应用。利用其凝胶性、保水性、持油性、乳化性等功能特性,将其添加到水产品、畜肉和鱼肉香肠、冷冻食品、面条、面包等制品中。尤其是小麦蛋白具有优良的黏弹性且颜色接近于白色,很适合添加到鱼糜制品中。另外,添加到面包和面条类制品中,可调整小麦粉所需要的黏弹性。

二、玉米蛋白加工

玉米主要用做饲料和加工淀粉。在进行淀粉加工时,玉米中蛋白质转移到麸质水中形成副产物。将离心机分离出的麸质水经沉降、过滤、干燥后,可得到呈黄色的粗玉米蛋白质,其中,含有粗蛋白40%～60%,淀粉10%～15%和叶黄素200～400毫克/千克。

(1)玉米蛋白加工工艺流程 玉米蛋白加工工艺流程如图8-4所示。

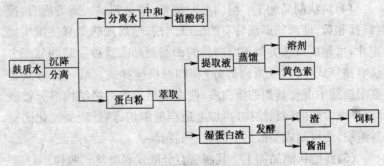

图8-4 玉米蛋白加工工艺流程

(2)玉米蛋白的利用 玉米蛋白粉可用作面包、饼干、糕点等食品的营养添加剂。玉米蛋白经水解作用后可获得具有降血压活性的生理活性肽,可获得较高的产品附加值。

我国绝大多数淀粉厂家将蛋白粉作为饲料廉价出售,没有很好地对玉米资源进行充分利用。利用玉米蛋白粉进行综合开发，其开发工艺简单，设备投资少，产品市场应变能力强，不仅可以使产品层层增值，而且减少了玉米资源的浪费，是合理综合利用玉米资源的一条有效途径。

第九章　植物油脂制取、精炼和深加工技术

第一节　植物油料的特性

植物油是人体必需脂肪酸的主要来源,同时也是重要的工业原料。植物油制取方法主要有机械压榨法、溶剂浸出法、超临界流体萃取法和水溶剂法。超临界溶剂萃取及水溶剂法制取的油脂纯度高、品质好,可以直接食用,而且饼粕中蛋白质资源可以得到充分利用。

一、植物油料的种类

植物油料种类很多,资源非常丰富。凡是油脂含量达 10％以上、具有制油价值的植物种子和果肉等均称为油料。

(1)按植物学属性不同分类　可将植物油料分成草本油料、木本油料、农产品加工副产品油料和野生油料 4 类。

①草本油料有大豆、油菜子、棉籽、花生、芝麻、葵花籽等。

②木本油料有棕榈、椰子、油茶籽等。

③农产品加工副产品油料有米糠、玉米胚、小麦胚芽。

④野生油料有野茶籽、松子等。

(2)按含油率高低不同分类　可将植物油料分成高含油率油料和低含油率油料两类。

①高含油率油料含油率大于 30％,如菜子、棉籽、花生、芝麻等。

②低含油率油料含油率在 20% 左右，如大豆、米糠等。

二、油料作物籽粒的化学成分

油料作物籽粒的形态结构是确定植物油制取工艺和设备选择的重要依据之一。油料籽粒由壳、种皮、胚、胚乳和子叶等部分组成，一般都含有脂肪、蛋白质、糖类、脂肪酸、磷脂、色素、蜡质、烃类、醛类、酮类、醇类、油溶性维生素、水分和灰分等物质。油料作物籽粒的化学成分见表 9-1。

表 9-1　油料作物籽粒的化学成分　　　（%）

油料作物种类	水分	脂肪	蛋白质	磷脂	碳水化合物	粗纤维	灰分
芝麻	5～8	50～58	15～25	—	15～30	6～9	4～6
葵花籽	5～7	45～54	30.4	0.5～1.0	12.6	3	4～6
花生	7～11	40～50	25～35	0.5	5～15	1.5	2
玉米胚	—	35～56	17～28		5.5～8.6	2.4～5.2	7～16
棉籽	7～11	35～45	24～30	0.5～0.6		6	4～5
大豆	9～14	16～20	30～45	1.5～3.0	25～35	6	4～6
油菜子	6～12	14～25	16～26	1.2～1.8	25～30	15～20	3～4
小麦胚	14	14～16	28～38	—	14～15	4.0～4.3	5～7
米糠	10～15	13～22	12～17		35～50	23～30	8～12

（1）油脂　油脂是油料籽粒主要化学成分，由 1 分子甘油和 3 分子高级脂肪酸形成了中性酯，又称为甘油三酸酯。在甘油三酸酯中，脂肪酸的相对分子质量占 90% 以上，甘油仅占 10%。构成油脂的脂肪酸性质及脂肪酸与甘油的结合形式，决定了油脂的物理状态和性质。

①单纯甘油酯与混合甘油三酯。甘油三酸酯分子中与甘油结合的脂肪酸均相同，称为单纯甘油三酸酯；若组成三酸酯的 3 个脂肪酸不相同，则称为混合甘油三酸酯。

②饱和与不饱和脂肪酸。饱和脂肪酸有软脂酸、硬脂酸、花生酸等;不饱和脂肪酸有油酸、亚油酸、亚麻酸、芥酸等。

③油与脂。甘油三酸酯中不饱和脂肪酸含量较高时,在常温下呈液态而称为油;甘油三酸酯中饱和脂肪酸含量较高时,在常温下呈固态而称为脂。

④油脂按碘价不同的分类。油脂中脂肪酸的饱和程度常用碘价反映。碘价用每100克油脂吸收碘的克数表示。碘价越高,油脂中脂肪酸不饱和程度越高。按碘价不同油脂分为不干性油、半干性油和干性油三类。碘价<80为不干性油,碘价80~130为半干性油,碘价>130为干性油。植物油脂大部分为半干性油。

⑤酸价。纯净的油脂中不含游离脂肪酸,但油料未完全成熟及加工、储存不当时,能引起油脂的分解而产生游离脂肪酸。游离脂肪酸使油脂的酸度增加,从而降低油脂的品质。常用酸价反映油脂中游离脂肪酸的含量,酸价用中和1克油脂中的游离脂肪酸所使用的氢氧化钾的毫克数。酸价越高,油脂中游离脂肪酸含量越高。

(2)蛋白质 在油料作物的籽粒中,蛋白质主要存在于籽粒的凝胶部分。因此,蛋白质的性质对油料的加工影响很大。蛋白质除醇溶朊外都不溶于有机溶剂。蛋白质在加热、干燥、压力和有机溶剂等作用下会发生变性。蛋白质可以和糖类发生作用,生成颜色很深的不溶于水的化合物;也可以和棉子中的棉酚作用,生成结合棉酚;蛋白质在酸、碱或酶的作用下能发生水解作用,最后得到各种氨基酸。

(3)磷脂 磷脂即磷酸甘油酯,简称磷脂。其主要成分为磷脂酰胆碱,俗称卵磷脂;磷脂酰乙醇氨,俗称脑磷脂。

油料中的磷脂是一种营养价值很高的物质,其含量在不同的油料籽粒中各不相同。大豆和棉籽中的磷脂含量最多。磷脂具有如下特性:

①不溶于水和丙酮,可溶于油脂和一些有机溶剂中。

②有很强的吸水性,吸水膨胀形成胶体物质,从而在油脂中的溶解度大大降低。

③磷脂容易被氧化,在空气中或阳光下会变成褐色至黑色物质。

④在较高温度下,磷脂能与棉籽中的棉酚作用,生成黑色产物。

⑤磷脂还可以被碱皂化,可以被水解。

⑥磷脂还具有乳化性和吸附作用。

(4)糖类　糖类是含有醛基和酮基的多羟基的有机化合物。按照糖类的复杂程度可以将其分为单糖和多糖两类。糖类主要存在于油料籽粒的皮壳中,仁中含量很少。糖在高温下能与物质发生作用,生成颜色很深且不溶于水的化合物。在高温下,糖的焦化作用会使其变黑并分解。

(5)其他物质　油料中还含有色素、蜡、维生素、灰分,以及烃类、醛类、酮类、醇类等物质。个别油料中含有一些特殊成分,如大豆中含尿素酶、胰蛋白酶抑制素、凝血素;棉籽中有棉酚;芝麻中有芝麻酚、芝麻素和芝麻酚林;花生中有黄曲霉素;菜子中有含硫化合物等。

三、油料的物理性质

油料的物理性质包括容重、散落性、自动分级、导热性、吸附性等。现重点介绍与加工密切相关的吸附性。

(1)质量热容　使1千克油料的温度升高1℃所需要的热量,称为油料的质量热容,以千焦耳/(千克·℃)表示。油料质量热容的大小与油料的化学成分及其比例有关,也与油料的含水量有关。

(2)热导率　为面积流量除以温度梯度。热导率越大,导热性越好。油料是热的不良导体，其热导率很小，一般为 0.12～0.23 瓦/(米·℃)。由于油料的导热性差，因此在储存、加热等过程中，应注意散热及加热的均匀性。

(3)吸附性和解吸性　油料细胞表面到内部分布着无数直径很小的毛细管。它的内壁具有从周围环境尤其是从空气中吸附各种蒸汽和气体的能力。当吸附的气体分子达到一定的饱和程度时，气体分子也能从油料表面或毛细管内部释放出来而散发到周围的空气中。油料的这种性能称为吸附性和解吸性。

由于油料具有吸附性，当油料吸湿后水分增大时，容易发热霉变。当吸附有毒气体或有味气体后不易散尽，而造成油料污染。

第二节　植物油脂制取技术

一、植物油脂制取的预处理

制油前的预处理是要使油料具有最佳的制油性能，以满足不同制油工艺的要求。其工序主要有清理、剥壳、破碎、软化、轧坯、挤压膨化、蒸炒等。

1. 油料的清理

(1)清理的目的　油料清理是指利用各种清理设备去除油料中所含的杂质。植物油料一般含杂质达 1％～6％。这些杂质在制油过程中会吸附一定数量的油脂而存在于饼粕内，造成油分损失，出油率降低，油色加深，影响油的品质和饼粕质量。因此，采用各种清理设备将这些杂质清除，才能减少油脂损失，提高出油率，提高油脂及饼粕的质量，提高设备的处理能力，保证设备安全工作，保证生产环境卫生。

(2)清理的要求　清理后，各种油料总杂质含量要求如下：花生、大豆不得超过 0.1％；棉籽、油菜子、芝麻不得超过 0.5％。清理下脚料时，其含油量花生、大豆、棉籽不得超过 0.5％，油菜子、芝麻不得超过 1.5％。

(3)清理的方法　油料与杂质在粒度、密度、表面特性、磁性和力学性质上存在较大差异。根据油料和杂质在物理性质上的明显差异，稻谷、小麦加工中常用筛选、风选、磁选等方法除去各种杂质。棉籽脱绒、菜子分离可采用专用设备进行处理。

2. 油料的剥壳及仁壳分离

(1)剥壳的目的　大多数油料都带有皮壳。除大豆、油菜子、芝麻含壳较低外，其他油料如棉籽、花生、葵花籽等含壳率均在 20％以上。含壳率高的油料必须进行脱壳处理，而含壳率低的油料仅在考虑其蛋白质利用时才进行脱皮处理。油料皮壳中含油率极低，制油时不仅不出油，反而会吸附油脂，造成出油率降低。剥壳后制油，能减少油脂损失，提高出油率。油料皮壳中色素、胶质和蜡含量较高。在制油过程中，这些物质溶入毛油中，造成毛油色泽深，含蜡高，精炼处理困难。剥壳后制油，毛油质量好，精炼率高；带壳制油，体积大而造成设备处理能力下降，皮壳坚硬造成设备磨损，影响轧坯的效果。

(2)剥壳的方法　根据油料皮壳性质、形状大小、仁皮结合等情况，应采用不同的剥壳方法。

①摩擦搓碾法。借助粗糙工作面的搓碾作用使油料壳破碎。花生、棉籽的剥壳采用圆盘剥壳机。

②撞击法。借助壁面或打板与油料之间的撞击作用使皮壳破碎。葵花籽、茶籽等采用离心式剥壳机剥壳。

③剪切法。借助锐利工作面的剪切作用使油料皮壳破碎。棉籽等采用刀板剥壳机剥壳。

④挤压法。借助轧辊的挤压作用使油料皮壳破碎。蓖麻籽采用轧辊剥壳机剥壳。

⑤气流冲击法。借助高速气流使油料与壳碰撞,使油料皮壳破碎。

油料剥壳时,应根据油料种类选择合适的剥壳方式,同时,应考虑油料水分对剥壳的影响。油料含水量低,则皮壳脆性大,易破碎,但水分过低,在剥壳过程中易产生粉末。

(3)仁壳分离 油料经剥壳机处理后,还需进行仁壳分离,主要方法为筛选或风选。

3. 油料的破碎

破碎是在机械外力作用下将油料粒度变小的工序。大粒油料如大豆、花生仁破碎后的粒度有利于轧粒操作,预榨饼经破碎后其粒度符合浸出和二次压榨的要求。

油料或预榨饼要求破碎后粒度均匀,不出油,不成团,粉末少。大豆、花生仁要求破碎成6~8瓣即可,预榨饼要求块粒长度控制在6~10毫米为好。为使油料或预榨饼的破碎符合要求,必须正确掌握破碎时油料水分的含量。水分过低,将增大粉末度,粉末过多,容易结团;水分过高,油料不容易破碎,易出油。

常用的破碎设备有辊式破碎机、锤片式破碎机、圆盘剥壳机等。

4. 油料的软化

软化是调节油料的水分和温度,使油料可塑性增强的一道工序。对于直接浸出制油而言,软化也是调节油料入浸水分的主要工序。软化的目的在于改变油料的硬度和脆性,使之具有适宜的可塑性,为轧粒和蒸炒创造良好操作条件。含油率低、水分含量低的油料,软化操作必不可少;对于含油率较高的花生、水分含量高的油菜子等一般不予软化。

一般含水量少的原料,软化时可多加些水;原料含水量高,则少加水。软化温度与原料含水量相互配合,才能达到理想的软化效果。一般水分含量高时,软化温度应低一些;反之,软化温度应高一些。软化时间应保证油料吃透水分,温度达到均匀一致。要求软化后的油料碎粒具有适宜的弹性、可塑性和均匀性。

5. 油料的轧坯

轧粒是利用机械的压力将颗粒状油料轧成片状料坯的过程。轧坯后制成的片状油料称为生坯。生坯经蒸炒后制成的料坯称为熟坯。

(1)轧坯的目的 轧坯的目的是通过轧辊的碾压和油料细胞之间的相互作用,使油料细胞壁破坏,同时使料坯成为片状,大大缩短油脂从油料中逸出的距离,从而提高制油时的出油速度和出油率。

(2)轧坯的要求 料坯要厚薄均匀,大小适度,不漏油,粉末度低,并具有一定的机械强度。生坯厚度要求如下:大豆为0.3毫米以下,棉籽0.4毫米以下,油菜子0.35毫米以下,花生仁0.5毫米以下。粉末度要求过20目筛的物质不超过3%。

6. 油料的挤压膨化

油料生坯的挤压膨化是利用挤压膨化设备将生坯制成膨化颗粒物料的过程。生坯经挤压膨化后可直接进行浸出取油。油料生坯的膨化浸出是一种先进的油脂制取工艺,有取代直接浸出和预榨浸出制油工艺的趋势。

(1)挤压膨化的目的 油料生坯经挤压膨化后,其容重增大,多孔性增加,油料细胞组织被彻底破坏,酶类被钝化。这使得膨化物料浸出时,溶剂对料层的渗透性和排泄性都大为改善,浸出溶剂比减小,浸出速率提高,混合油浓度增大,湿粕含溶降低,浸出设备和湿粕脱溶设备的产量增加,浸出毛油的品质提高,并能明显降低浸出生产的溶剂损耗和蒸汽消耗。

(2)挤压膨化的原理 油料生坯由喂料机送入挤压膨化机,料坯被螺旋轴向前推进的同时,受到强烈的挤压作用,使物料密度不断增大。由于物料与螺旋轴和机膛内壁摩擦、发热,以及直接蒸汽的注入,使物料受到剪切、混合、高温、高压联合作用,油料细胞组织被较彻底地破坏,蛋白质变性,酶类钝化,容重增大,游离的油脂集中在膨化料粒的内外表面。物料被挤出膨化机的模孔时,压力骤然降低,造成水分在物料组织结构中迅速汽化,物料受到强烈的膨胀作用,形成内部多孔、组织疏松的膨化料。物料从膨化机末端的模孔中挤出,并立即被切割成颗粒物料。

7. 油料的蒸炒

油料的蒸炒是指生坯经过湿润、加热、蒸坯、炒坯等处理,而成为熟坯的过程。

(1)蒸炒的目的 在于使油脂凝聚,为提高油料出油率创造条件;调整料坯的组织结构,借助水分和温度的作用,使料坯的可塑性、弹性符合榨油要求;改善毛油品质,降低毛油精炼的难度。

蒸炒可使油料细胞结构彻底破坏,分散的游离态油脂聚集;蛋白质凝固变性,结合态油脂暴露;磷脂吸水膨胀;油脂黏度、表面张力降低,为提高出油率提供了保证;蒸炒可使油料内部结构发生改变,其可塑性、弹性得到适当的调整。这一点对压榨制油至关重要。

蒸炒可改善油脂的品质。料坯中磷脂吸水膨胀,部分与蛋白质结合,在物料坯中大部分棉酚与蛋白质结合。这些物质在油脂中溶解度降低,对提高油脂质量极为有利。

料坯中部分蛋白质、糖类、磷脂等在蒸炒过程中,会和油脂发生结合或络合反应,产生褐色或黑色物质,使油脂色泽加深。

(2)蒸炒的要求 蒸炒后的熟坯应生熟均匀,内外一致,熟坯水分、温度及结构性满足制油要求。例如,湿润蒸炒采用高水分蒸炒、低水分压榨、高温入榨、保证足够的蒸炒时间等措施,从而保证蒸炒达到预期的目的。

(3)蒸炒的方法

①湿润蒸炒。按湿润后料坯水分不同又分为一般湿润蒸炒和高水分蒸炒。一般湿润蒸炒中,料坯湿润后水分一般不超过

13％～14％,适用于浸出法以及压榨法制油。高水分蒸炒中料坯湿润后水分一般可高达16％,仅适用于压榨法制油。

②加热蒸坯。是指生坯先经加热或干蒸坯,然后再用蒸汽蒸炒的方法,主要应用于人力螺旋压榨制油、液压式水压机制油、土法制油等小型油脂加工厂。

二、机械压榨法制油

机械压榨法制油就是借助机械的力量把油脂从料坯中挤压出来的过程。

压榨法取油与其他取油方法相比具有工艺简单、配套设备少、对油料品种适应性强、生产灵活、油品质量好、色泽浅、风味纯正等特点。但压榨后的饼残油量高,出油效率较低,动力消耗大,零件易损耗。

1. 机械压榨法制油的原理

压榨过程中,压力、黏度和油饼成形是压榨法制油的三要素。压力和黏度是决定榨料排油的主要动力和可能条件,油饼成形是决定榨料排油的必要条件。

(1)排油动力 榨料受压后,料坯间空隙被压缩,空气被排出,料坯密度迅速增加,形成料坯互相挤压变形和位移的运动状态。这样,料坯的外表面被封闭,内表面的孔道迅速缩小。孔道小到一定程度时,常压液态油变为高压油,高压油产生了流动能量,在流动中,小油滴聚成大油滴,甚至独立液相存在料坯的间隙内。当压力大到一定程度时,高压油打开流动油路,摆脱榨料蛋白质分子与油分子、油分子与油分子的摩擦阻力,冲出榨料高压力场之外,与塑性饼分离。

(2)排油深度 压榨取油时,榨料中残留的油量可反映排油深度。残留量愈低,排油深度愈深。排油深度与压力大小、压力递增量、黏度影响等因素有关。

在压榨过程中,必须提供一定的压榨压力使料坯被挤压变形,密度增加,空气排出,间隙缩小,内外表面缩小。压力大,物料变形也就大。压榨中,合理递增压力,才能获得好的排油深度。压力递增量要小,增压时间要长,使料间隙逐渐变小,给油聚集流动以充分时间,聚集起来的油又可以打开油路排出料外,排油深度方可提高。土法榨油总结"轻压勤压"的道理适用于一切榨机的增压设计。压榨过程中,榨料温度升高,油脂黏度降低,油脂在榨料内运动阻力减少,有利于出油。调整适宜的压榨温度,使黏度阻力减少到极值,即可提高排油深度。

(3)油饼的成形 排油的必要条件就是饼的成形。如果榨料塑性低,受压后,榨料不变形或很难变形,油饼不能成形,排油压力建立不起来,坯外表面不能被封闭,内表面孔道不被压缩变小,密度不能增加。在这种状况下,油不能由不连续相变为连续相,不能由小油滴聚为大油滴,常压油不能被封闭起来变为高压油,也就产生不了流动的排油动力,提高排油深度也就无从谈起。所以,饼的顺利成形是排油的必要条件。料坯受压形成饼,压力可以顺利建立起来,适当控制温度,减少排油阻力,排油深度就提高。影响饼成形的因素如下:

①物料含水量要适当,温度适当,求得物料有一定的受压变形可塑性;抗压能力减小到一个合理数值,压力作用就可以充分发挥出来。

②排渣、排油量适当。

③物料应封闭在一个容器内,形成受力而塑性变性的空间力场。

2. 常用榨油设备

(1)液压式榨油机 液压式榨油机是利用液体传送压力的原理,使油料在饼圈内受到挤压,将油脂取出的一种间隙式压榨设备。该机结构简单,操作方便,动力消耗小,油饼质量好,能够加工多种油料,适用于油料品种多、数量又不大的小型油厂,进行零星分散油料的加工。但其劳动强度大，工艺条件严格，已逐渐被连续式压榨设备所取代。在边远缺乏电力的地区，它仍是可取的制油设备。

(2)螺旋榨油机　螺旋榨油机是国际上普遍采用的较先进的连续式榨油设备。其工作原理是旋转的螺旋轴在榨膛内的推进作用，使榨料连续地向前推进，同时由于榨料螺旋导程的缩短或根圆直径增大，使榨膛空间体积不断缩小而产生压力，把榨料压缩，并把料坯中的油分挤压出来，油分从榨笼缝隙中流出，同时将残渣压成饼块，从榨轴末端不断排出。

螺旋榨油机的特点是连续化生产，单机处理量大，劳动强度低，出油效率高，饼薄易粉碎，有利于综合利用，应用广泛。

三、溶剂浸出法制油

溶剂浸出法制油就是用溶剂将含有油脂的油料料坯进行浸泡或淋洗，使料坯中的油脂被萃取溶解在溶剂中，经过滤得到含有溶剂和油脂的混合油。加热混合油，使溶剂挥发并与油脂分离得到毛油，毛油经水化、碱炼、脱色等精炼工序处理，成为符合国家标准的食用油脂。挥发出来的溶剂气体经过冷却回收，循环使用。

与压榨法相比，浸出法的突出优点是出油率高，粕中残油可控制在1%以下，粕的质量好。由于溶剂对油脂有很强的浸出能力，可不进行高温加工而取出其中的油脂，使大量水溶性蛋白质得到保护，饼粕可以用来制取植物蛋白，加工成本低，劳动强度小。其缺点是一次性投资较大；浸出溶剂一般为易燃、易爆和有毒的物质，生产安全性差；浸出制得的毛油含有非脂成分数量较多，色泽深，质量较差。

1. 溶剂浸出法制油的原理

油脂浸出过程是油脂从固相转移到液相的传质过程，它借助分子扩散和对流扩散两种方式共同完成。

(1)分子扩散　分子扩散是指以单个分子的形式进行的物质转移,是由于分子无规则的热运动引起的。当油料与溶剂接触时,油料中的油脂分子借助于本身的热运动,从油料中渗透出来并向溶剂中扩散,形成了混合油;同时,溶剂分子也向油料中渗透扩散,在油料和溶剂接触面的两侧形成了两种浓度不同的混合油。由于分子的热运动及两侧混合油浓度的差异,油脂分子将不断从其浓度较高的区域转移到浓度较低的区域,直到两侧的分子浓度达到平衡为止。

在分子扩散时,物质依靠分子热运动的动能进行转移。适当提高浸出温度,有利于提高分子扩散系数,加速分子扩散。

(2)对流扩散　对流扩散是指物质溶液以较小体积的形式进行的转移。与分子扩散一样,扩散物的数量与扩散面积、浓度差、扩散时间及扩散系数有关。在对流扩散过程中,对流的体积越大,单位时间内通过单位面积的这种体积越多,对流扩散系数越大,物质转移的数量也就越多。在对流扩散时,物质主要是依靠外界提供的能量进行转移。一般是利用液位差或泵产生的压力使溶剂或混合油与油料处于相对运动状态下,促进对流扩散。

2. 溶剂浸出法制油时常用的溶剂

(1)溶剂浸出法制油对溶剂的要求　物质的溶解一般遵循"相似相溶"的原理,即溶质分子与溶剂分子的极性愈接近,相互溶解程度愈大,否则,相互溶解程度小甚至不溶。分子极性大小通常以"介电常数"来表示。分子极性愈大,其介电常数也愈大。植物油脂的介电常数较小,在常温下一般在 $3.0 \sim 3.2$,所选用的浸出溶剂也应极性较小。常用有机溶剂的理化性质见表9-2。

根据油脂浸出工艺及安全生产的需要,溶剂应符合以下几项要求:

表 9-2 常用有机溶剂的理化性质

溶剂	正己烷	轻汽油	正丁烷	丙烷
相对分子质量	86.176	91(平均)	58	44
介电常数(20℃)	1.89	2.0	1.78	1.69
沸点(常压)/摄氏度	68.7	70～85	−0.5	−42.2
爆炸极限/(毫克/升)	1.2～6.9	1.25～4.9	1.6～8.5	2.4～9.5

①油脂有较强的溶解能力。在室温或稍高于室温的条件下，能以任何比例很好地溶解油脂，对油料中的其他成分，溶解能力要尽可能地小，甚至不溶。

②既要容易汽化，又要容易冷凝回收。为容易脱除混合油和湿粕中的溶剂，使毛油和成品粕不带异味，要求溶剂容易汽化，也就是溶剂的沸点要低，汽化潜热要小。但又要考虑在脱除混合油和湿粕的溶剂时产生的溶剂蒸汽容易冷凝回收，要求沸点不能太低，否则会增加溶剂损耗。实践证明，溶剂的沸点在 65℃～70℃比较合适。

③具有较强的化学稳定性。溶剂在生产过程中是循环使用的，需要反复不断地被加热、冷却。一方面要求溶剂本身物理、化学性质稳定，不起变化；另一方面要求溶剂不与油脂和粕中的成分发生化学变化，更不允许产生有毒物质，还要求对设备不产生腐蚀作用。

④在水中的溶解度小。在生产过程中，溶剂要与水接触，油料本身也含有水。要求溶剂与水互不相溶，便于溶剂与水分离，减少溶剂损耗，节约能源。在安全性方面，要求溶剂在使用过程中不易燃烧，不易爆炸，对人畜无毒。在生产中，往往因设备、管道密闭不严和操作不当，会使液态和气态溶剂泄漏出来。因此，应选择闪点高、不含毒性成分的溶剂。

(2)6号溶剂油 我国普遍采用 6 号溶剂油作为浸出溶剂，俗称浸出轻汽油。轻汽油是石油原油的低沸点分馏物,为多种碳氢化合物的混合物,没有固定的沸点,通常只有一沸点范围(馏程)。其质量标准规定如下:

馏程初沸点	≥60℃
98％馏出温度	≤90℃
水溶性酸和碱	无
含硫量	≤0.05％
机械杂质和水分含量	无
油渍试验	合格

6号溶剂油对油脂的溶解能力强,在室温条件下可以任何比例与油脂互溶,对油中胶状物、氧化物及其他非脂肪物质的溶解能力较小,因此,浸出的毛油比较纯净。6号溶剂油物理、化学性质稳定,对设备腐蚀性小,不产生有毒物质,与水不互溶,沸点较低,易回收,来源充足,价格低,能满足大规模工业生产的需要。

6号溶剂油的最大缺点是其蒸汽与空气混合能形成爆炸气体;易积聚在地面及低洼处,造成局部溶剂蒸汽含量超标;溶剂蒸汽对人的中枢神经系统有毒害作用,所以,工作场所每升空气中的溶剂油气体的含量不得超过0.3毫克;沸点范围较宽,在生产过程中沸点过高和过低的组分不易回收,造成生产过程中溶剂的损耗增大。

(3)溶剂浸出法制油的工艺类型

①直接浸出。油料经一次浸出其中的油脂之后,油料中残留的油脂量就可以达到极低值。这种取油方式称为直接浸出取油。该取油方法常限于加工大豆等含油量在20％左右的油料。

②预榨浸出。对一些含油量在30％～50％的高油料加工,若采用直接浸出取油,粕中残留油脂量偏高。因此,在浸出取油之前,先采用压榨取油,提取油料内85％～89％的油脂,并将产生的饼粉碎成一定粒度后,再进行浸出法取油。棉籽、油菜子、花生、

葵花籽等油脂含量高的油料,均采用此法加工。

(4)油脂浸出方式

①浸泡式。油料浸泡在溶剂中,完成油脂溶解浸出的过程,如罐组式浸出器、U形拖链式和Y形浸出器。

②喷淋式。溶剂喷洒到油料料床上,溶剂在油料间往往是非连续的滴状流动,完成浸出过程,如履带式浸出器。

③混合式。溶剂与油料接触过程既有浸泡式,又有喷淋式。两种方式同在一台设备内存在,如平转、环形浸出器。

(5)溶剂浸出法制油的工艺流程

溶剂浸出法制油工艺流程一般包括预处理、油脂浸出、湿粕脱溶、混合油蒸发和汽提、溶剂回收等工序。

①油脂浸出。经预处理后的料坯送入浸出设备完成油脂萃取分离的任务。经油脂浸出工序分别获得混合油和湿粕。

②湿粕脱溶。从浸出设备排出的湿粕一般含有 25%～35% 的溶剂。必须进行脱溶处理,才能获得合格的成品粕。湿粕脱溶通常采用蒸汽加热和蒸汽负压搅拌的方法,使溶剂汽化与粕分离。经过处理后,粕中水分不超过 8.0%～9.0%,残留溶剂量不超过 0.07%。

③混合油蒸发和汽提。从浸出设备排出的混合油由溶剂、油脂、非油物质等组成,经蒸发、汽提,从混合油中分离出溶剂而获得浸出毛油。

混合油蒸发是利用油脂与溶剂的沸点不同,将混合油加热至沸点温度,使溶剂汽化与油脂分离。混合油蒸发一般采用二次蒸发,使混合油质量分数达到 90%～95%。

混合油汽提是指混合油的水蒸气蒸馏。混合油汽提能使高浓度混合油的沸点降低,从而使混合油中残留的少量溶剂在较低温度下尽可能完全地被脱除。混合油汽提在负压条件下进行油脂脱溶,对毛油品质更为有利。用于汽提的水蒸气必须是干蒸汽,避免直接蒸汽中的含水与油脂接触,造成混合油中磷脂沉淀,影响汽提设备正常工作,同时可以减少汽提液泛现象。

④溶剂回收。直接关系到生产的成本、毛油和粕的质量,生产中应对溶剂进行有效的回收,并进行循环使用。溶剂回收包括溶剂气体冷凝和冷却、溶剂和水的分离、废水中的溶剂回收、废气中溶剂的回收等。

四、超临界流体萃取法制油新技术

1. 超临界流体萃取制油的原理

超临界流体萃取制油技术是在超临界状态下,流体作为溶剂对油料中油脂进行萃取分离的技术。一般物质,当液相和气相在常压下平衡时,两相的物理特性,如密度、黏度等差异显著,但随着压力升高,这种差异逐渐缩小。当达到某一临界温度(Tc)和临界压力(Pc)时,两相的差别消失,合为一相。这一点就称为临界点。在临界点附近,压力和温度的微小变化都会引起气体密度的很大变化。随着向超临界气体加压,气体密度增大,逐渐达到液态性质,这种状态的流体称为超临界流体。

超临界流体具有介于液体和气体之间的物化性质,其相对接近液体的密度使它有较高的溶解度,而其相对接近气体的黏度又使它有较高的流动性能,扩散系数介于液体和气体之间,因此,其对所需萃取的物质组织有较佳的渗透性。这些性质使溶质进入超临界流体较进入平常液体有较高的传质速率。将温度和压力适宜变化时,可使其溶解度在 $100\sim1000$ 倍的范围内变化。一般地讲,超临界流体的密度越大,其溶解力就越强,也就是说,超临界流体中物质的溶解度在恒温下随压力 $P(P>Pc$ 时)升高而增大,而在恒压下,其溶解度随温度 $T(T>Tc$ 时)增高而下降。这一特性有利于从物质中萃取某些易溶解的成分,而超临界流体的高流动性和扩散能力,则有助于所溶解的各成分之间的分离,并能加速溶解平衡,提高萃取效率。通过调节超临界流体的压力和温度来进行选择性萃取。

油脂工业开发应用超临界二氧化碳(CO_2)作为萃取剂。二氧化碳的临界温度为 31.1℃,临界压力 7.3 兆帕。当温度高于 31.1℃,压力大于 7.3 兆帕时,二氧化碳即处于超临界流体状态。其优点是二氧化碳超临界流体萃取可以在较低温度和无氧条件下操作,保证了油脂和饼粕的质量;二氧化碳对人体无毒性,且易除去,不会造成污染,食用安全性高;整个加工过程中,原料不发生相变,有明显的节能效果;二氧化碳超临界流体具有良好的渗透性、溶解性和极高的萃取选择性,通过调节温度、压力,可以进行选择性提取;二氧化碳成本低,不燃,无爆炸性,方便易得。

超临界二氧化碳提取技术的发展为油脂加工提供了有前途的新工艺,可以利用这一技术提取大豆油、小麦胚芽油、玉米胚芽油、棉籽油、葵花籽油、红花籽油等。目前,我国已生产出了 1～10000 升的超临界二氧化碳提取设备,具有商业开发应用价值。

2. 超临界流体萃取制油的工艺类型

(1)恒压萃取法 从萃取器出来的萃取相在等压条件下,加热升温,进入分离器溶质分离。溶剂经冷却后回到萃取器循环使用。

(2)恒温萃取法 从萃取器出来的萃取相在等温条件下减压、膨胀,进入分离器溶质分离,溶剂经调压装置加压后再回到萃取器中。

(3)吸附萃取法 从萃取器出来的萃取相在等温等压条件下进入分离器,萃取相中的溶质被分离器中吸附剂吸附,溶剂再回到萃取器中循环使用。

五、水溶剂法制油

水溶剂法制油是根据油料的特性,水、油物理化学性质的差异,以水为溶剂,采取一些加工技术将油脂提取出来的制油方法。根据制油原理及加工工艺的不同,水溶剂法制油分为水代法制油和水剂法制油。

1. 水代法制油

(1)水代法制油原理 水代法制油是利用油料中非油成分对水和油的亲和力不同,以及油、水之间的密度差,经过一系列工艺过程,将油脂和亲水性的蛋白质、碳水化合物等分开。水代法制油主要运用于传统的小磨麻油的生产。芝麻种子的细胞中除含有油分外,还含有蛋白质、磷脂等,它们相互结合成胶状物,经过炒制,使可溶性蛋白质变性,成为不可溶性蛋白质。当加水于炒熟磨细的芝麻酱中时,经过适当的搅动,水逐步渗入到芝麻酱之中,油脂就被代替出来。

(2)芝麻水代法制油 芝麻水代法制油工艺流程如图 9-1 所示。

芝麻→筛选→漂洗→炒制→扬烟→吹净→磨酱→对浆搅油→

振荡分油⟨芝麻油
　　　　　麻渣

图 9-1　芝麻水代法制油工艺流程

①筛选。清除芝麻中的杂质,如泥土、铁屑、杂草籽和不成熟芝麻粒等。

②漂洗。用水清除芝麻中微小的杂质和灰尘。将芝麻漂洗浸泡 1～2 小时,浸泡后的芝麻含水量为 25%～30%,有利于细胞破裂。芝麻经漂洗浸泡,水分渗透到完整细胞的内部,使凝胶体膨胀起来,再经加热炒制,就可使细胞破裂,油体原生质流出。

③炒制。采用直接火炒。开始用大火,此时,芝麻含水量大,不会焦煳;炒至 20 分钟左右,芝麻外表鼓起来,改用文火炒,用人力或机械搅拌,使芝麻熟得均匀。炒熟后,往锅内加 3% 左右的冷水,再炒 1 分钟,芝麻出烟后出锅。泼水的作用是使温度突然下

降,让芝麻组织酥散,有利于磨酱,同时也使烟水蒸气上扬。炒好的芝麻用手捻即出油,呈咖啡色,牙咬芝麻有酥脆均匀、生熟一致的感觉。专为食用的芝麻酱要用文火炒制;而专为提取小磨香油的芝麻,火要大一些,炒得焦一些。炒制使蛋白质变性,有利于取出油脂。芝麻炒到接近 200℃时,蛋白质完全变性,中性油含量最高;超过 200℃烧焦后,部分中性油溢出,油脂含量降低。

④扬烟和吹净。出锅的芝麻要立即降低温度,扬去烟尘、焦末和碎皮。焦末和碎皮在后续工艺中会影响油和渣的分离,降低出油率。出锅芝麻如不及时扬烟降温,可能产生焦味,影响香油的气味和色泽。

⑤磨酱。将炒酥吹净的芝麻用石磨或金刚砂轮磨浆机磨成芝麻酱。芝麻酱磨得愈细愈好。把芝麻酱点在拇指指甲上,用嘴把它轻轻吹干,以指甲上不留明显的小颗粒为合格。磨酱时,添料要匀,严禁空磨,随炒随磨,熟芝麻的温度应保持在 65℃～75℃,温度过低易回潮,磨不细。石磨转速以 30 转/分钟为宜。炒制后,芝麻内部油脂聚集,处于容易提取的状态,经磨细后形成浆状。由于芝麻含油量较高,出油较多,此浆状物是固体粒子和油组成的悬浮液,比较稳定。固体物和油很难通过静置而自行分离。因此,必须借助于水,使固体粒子吸收水分,增加密度而自行分离。

⑥对浆搅油。用人力或离心泵将麻酱泵入搅油锅中,麻酱温度不能低于40℃,分 4 次加入相当于麻酱重80%～100%的沸水。

第一次加总用水量的 60%,搅拌 40～50 分钟,转速30 转/分钟。搅拌开始时,麻酱很快变稠,难以翻动,除机械搅拌外,需用人力帮助搅拌,否则容易结块,吃水不匀。搅拌时温度不低于70℃。到后来,稠度逐渐变小,油、水、渣三者混合均匀,40 分钟后有微小颗粒出现,外面包有极微量的油。

第二次加总水量的 20%,搅拌 40～50 分钟,仍需要人力助拌,温度约为60℃。此时颗粒逐渐变大,外部的油增多,部分油开始浮出。

第三次约加总水量的15%,需人力助拌15分钟。这时,油大部分浮到表面,底部浆呈蜂窝状,流动困难,温度保持在50℃左右。

第四次加水(俗称"定浆")需凭经验调节到适宜的程度,降低搅拌速度到10转/分钟。此时不需人力,搅拌1小时左右,又有油脂浮到表面,即开始"撇油"。撇去大部分油脂后,最后还应保持7~9毫米厚的油层。

对浆搅油是整个工艺中的关键工序,是完成以水代油的过程。加水量与出油率有很大关系,适宜的加水量才能得到较高的出油率。加水量的经验公式如下:

加水量=(1-麻酱含油率)×麻酱量×2

⑦振荡分油。经过上述处理的湿麻渣仍含部分油脂。振荡分油(俗称"墩油")就是利用振荡法将油尽量分离提取出来。工具是两个空心金属球体(葫芦),一个挂在锅中间,浸入油浆,约及葫芦的2/3;另一个挂在锅边,浸入油浆,约及葫芦的1/2,锅体转速10转/分钟,葫芦不转,仅做上下击动,迫使包在麻渣内的油珠挤出,升至油层表面,此时称为深墩。约50分钟后进行第二次墩油,再深墩50分钟后进行第三次墩油。深墩后,将葫芦适当向上提起,浅墩约1小时,撇完第四次油,即将麻渣放出。撇油多少根据气温不同而有差别。夏季宜多撇少留,冬季宜少撇多留,借以保温。当油撇完之后,麻渣温度在40℃左右。

2. 水剂法制油

(1)水剂法制油原理 水剂法制油是利用油料蛋白(以球蛋白为主)溶于稀碱水溶液或稀盐水溶液的特性,借助水的作用,把油、蛋白质及碳水化合物分开。其特点是以水为溶剂,食品安全性好,无有机溶剂浸提的易燃、易爆之虑。在制取高品质油脂的同时,可以获得变性程度较小的蛋白粉和淀粉渣等产品。水剂法提取的油脂颜色浅,酸价低,品质好,无需精炼即可作为食用油,但出油率稍低。水剂法制油主要用于花生制油,并可同时提取花生蛋白粉。

(2)花生水剂法制油 花生水剂法制油工艺流程如图 9-2 所示。

稀碱液

花生仁→清理→低温烘干→脱皮→碾磨→花生浆→浸取→

　　　乳化油→破乳→水洗→脱水花生油

离心分离

　　　　　　盐酸

　　　蛋白液→蛋白质凝聚沉淀→水洗→浓缩→干燥→花生蛋白粉

图 9-2　花生水剂法制油工艺流程

①花生仁清理与脱皮。清理采用筛选的方法除杂。清理后的花生仁要求杂质<0.1%。清理后的花生仁在远红外烘干设备中进行二次低温烘干,原料温度不超过 70℃,时间 2~3 分钟,水分降至 5%以下。这有利于脱除花生红皮,同时蛋白质变性程度轻。烘干后的物料立即冷却至 40℃以下,然后经脱皮机如砻谷机脱皮。仁皮分离后要求花生仁含皮率<2%。

②碾磨。碾磨可以破坏细胞的组织结构。碾磨后固体颗粒细度在 10 微米以下,使其不致形成稳定的乳化液,有利于分离。碾磨可用湿法碾磨或干法碾磨。湿法碾磨是将花生仁按仁水 1:8 的比例,在 30℃的温水中浸泡 1.5~2 小时,然后直接用磨浆机或电动石磨磨成花生浆。碾磨的方式以干磨为佳,磨后的浆状液以油为主体,其悬浮液不会乳化。

③浸取。浸取是利用水将料浆中的油和蛋白质提取出来的过程。要求油和蛋白质充分进入溶液,不使它们在浸取过程中形成稳定的乳状液,以免分离困难。浸取采用稀碱液。因为稀碱液能溶解较多的蛋白质,又能起到一定的防腐和防乳化作用。干法

碾磨浸取时固液比为 1：8,调节氢离子浓度到 pH 值 8～8.5,浸取温度 62℃～65℃。浸出设备一般采用带搅拌的立式浸出罐。在浸取过程中要不断搅拌以利于蛋白质充分溶解。浸取时间 30～60 分钟,保温 2～3 小时,上层为乳状油,下层为蛋白液。

④破乳。浸取后分离出的乳状油含水分 24%～30%,蛋白质 1%左右,很难用加热法去水,因而要破乳。其方法以机械法最为简单。先将乳状油加盐酸调节 pH 值 4～6,然后加热至 40℃～50℃,并剧烈搅拌而破乳,使蛋白质沉淀,水被分离出来。接着再用超高速离心机将清油与蛋白液分开。清油经水洗、加热及真空脱水后便可获得高质量的成品油。

⑤分离。蛋白浆与残渣的混合液必须分步骤把它们分开。根据实践,固液分离(如残渣和蛋白浆)可选用卧式螺旋离心机,而液体分离(如油与蛋白溶液)则选用管式超速离心机或碟片式离心机效果较好。而选用新型高效的三相(蛋白浆、油与残渣)自清理碟式离心机,可以达到减少分离设备和降低损失的目的。

⑥蛋白浆的浓缩干燥。经超高速离心机分离出来的蛋白浆在管式灭菌器内 75℃下灭菌后,进入升膜式浓缩锅中,在真空度 88～90.66 千帕、温度 55℃～65℃的条件下,浓缩到干物质含量占 30%左右,接着用高压泵入喷雾干燥塔内,在进风温度 45℃～150℃、排风温度 75℃～85℃(负压 900 帕)的条件下,干燥成花生浓缩蛋白产品。

⑦淀粉残渣处理。淀粉残渣经离心机分离后,再经水洗、干燥后得到副产品淀粉渣粉。淀粉渣粉含有 10%的蛋白质和 30%的粗纤维,可应用于食品或饲料生产。

六、油脂加工副产物的综合利用

植物油脂制取和精炼后,还可以得到许多副产物。将这些副产物进一步开发利用,可为人类和饲养业提供营养丰富的蛋白质等,有的还可以生产出许多化工产品。

1. 饼粕加工

我国每年有 1 千万吨左右的饼粕。大豆、花生、芝麻饼粕可以直接作为食用或饲用蛋白质;菜子饼粕、棉籽饼粕需经脱毒后才可作饲料。脱毒方法分为两类,一类是使饼粕中的抗营养素发生钝化、破坏或结合等作用,从而减轻其有害作用;另一类将有害物从饼粕中分离出来,达到去毒的目的。具体处理方法有如下四种:

(1)热处理法 热处理法可分干热处理法、湿热处理法、加热处理法和蒸汽气提法。

①干热处理法。将碾碎的饼粕不加水,在 80℃～90℃温度下蒸 30 分钟,使饼粕中的酶钝化。

②湿热处理法。先碾碎饼粕,在开水中浸泡数分钟,然后再按干热处理法加热。

③加热处理法和蒸汽气提法。将饼粕在 0.2 兆帕压力下加热处理 60 分钟,通入蒸汽,温度保持在 110℃,处理 1 小时后,饲料的饲养效果较好。

(2)水洗处理法 饼粕用热水浸泡可去除其中的有毒物质。一种方法是将饼粕用水浸泡 8 小时后过滤,然后再放在另外的水中浸泡 2 小时;另一种方法是第一次用水浸泡 14 小时后过滤,再用水浸泡 1 小时,饼与水的比例为 1∶5。此法用水量大,饼粕中干物质损失也较多。

(3)碱处理法 在热处理或水洗处理的同时,加入一定量的碱,可使脱毒效果大幅度提高。

(4)膨化处理法 将菜子饼或棉籽饼加入膨化机中,在 pH 值为 12、温度为 200℃～250℃条件下进行膨化处理,脱毒率可达98％以上。这是目前脱毒技术中最有效、最经济的方法之一。

2. 油脚磷脂加工

制油过程中获得的毛油经过水化精炼,得到水化油脚。其主要成分是油和磷脂。水化油脚经过处理可以制取磷脂,并能回收一部分中性油脂。提取磷脂的方法主要有盐析法、真空干燥法和溶剂萃取法三种。其中,溶剂萃取法所得成品最纯,但此法成本较高,一般用于制取药用磷脂;盐析法或真空干燥法制取的磷脂纯度较低,可供食品及工业上使用。

(1)盐析法　盐析法是通过加盐和加热,破坏磷脂油脚中的胶体,使一部分油和水析出,同时磷脂中保留一部分食盐,可以抑制微生物的活动,防止油脚的发酵分解。盐析法油脚磷脂加工工艺流程如图 9-3 所示。

$$
\text{油脚} \rightarrow \text{加热} \rightarrow \text{搅拌} \rightarrow \text{分层释放} \begin{cases} \rightarrow \text{上层为油} \\ \rightarrow \text{中层为磷脂} \\ \rightarrow \text{下层为水} \end{cases}
$$

（加盐）

图 9-3　盐析法油脚磷脂加工工艺流程

操作要点如下:

①加热、加盐。将含磷脂的油脚加热到 80℃～90℃,然后分三次加入 7%～9% 的食盐(食盐必须磨细)。第一次、第三次用量均为 1/4,第二次为 1/2。每次加盐时要剧烈搅拌,加盐时间为 40～50 分钟。油脚经盐析后分为三层,上层为油、中层为磷脂、下层为水。

②分层释放。放出下层的水,撇去上层油脂,中层即为粗磷脂。如果第一次盐析处理得好,可使粗磷脂含水量降到 45% 左右,油脂和磷脂含量各为 27%。

③浓缩磷脂。进行第二次盐析。磷脂在搅拌下加热到 95℃,然后加入细度为 1 毫米的风干食盐(加量为磷脂的 7%),继续搅拌 0.5 小时,后静置 2～2.5 小时。分离油脂和水,得到粗磷脂的浓缩物。该物质含水分 35%、油脂 20%、磷脂 37%、氯化钠 7%,可以用于食品工业,也可用作制备纯磷脂的原料。

(2)真空干燥法　真空干燥法是先将油脚溶于油,然后加水进行水化,分离磷脂,最后在真空条件下脱去磷脂中的水分。真空干燥法油脚磷脂加工工艺流程如图9-4所示。

精炼油　　　　　　　水
油脚→搅拌→加热→过滤→搅拌→沉淀→真空浓缩→成品

图 9-4　真空干燥法油脚磷脂加工工艺流程

操作要点如下:

①加精炼油。在磷脂油脚中加入 8～10 倍的精炼油,充分搅拌,加热至 95℃～100℃,使磷脂完全溶解。

②加水。约经 50 分钟后,进行过滤或离心分离,滤去杂质。在含有磷脂的滤出油中加入 1～1.5 倍的水,使磷脂水化,沉淀析出。

③干燥。将沉淀出的含磷脂油脚送入真空干燥器。当真空度达到 106.7 千帕时,打开进料阀门,将磷脂吸入罐内。干燥开始温度必须控制在 80℃～85℃,不能超过 90℃。待干燥至半固体状时,泡沫减少,可升温至 90℃～95℃。干燥可一直进行到水分降至 1% 左右。总干燥时间为 5～6 小时,即可得到磷脂成品。

(3)溶剂萃取法　溶剂萃取法是根据磷脂不溶于丙酮的性质,用丙酮作溶剂萃取磷脂中的油脂,从而得到磷脂精制品。溶剂萃取法油脚磷脂加工工艺流程如图9-5所示。

丙酮　水
油脚→真空浓缩→萃取→分离→萃取液→真空蒸发→成品

图 9-5　溶剂萃取法油脚磷脂加工工艺流程

操作要点如下:

①干燥脱水。将油脚放入真空干燥器内,在 80 千帕真空度和 60℃条件下脱水 8 小时,使水分达到 10% 左右。

②加入丙酮。将脱水磷脂油脚装入密闭容器中,加入丙酮,不断搅拌,以萃取其中的油脂。萃取分 3 次进行。第一次加入丙酮为磷脂质量的 10 倍,第二、三次各加入磷脂质量 5 倍的丙酮。

③蒸发去酮。萃取后倒出溶剂,在高度真空和30℃～40℃条件下,蒸发除去磷脂中的残余丙酮,即得成品。

在精制磷脂的所有过程中,温度都不得高于100℃,以免磷脂颜色加深。制得的成品为淡黄色细粒状,水分含量在2%左右,磷脂含量达97%以上,具有芳香气味。

3. 油脚脂肪酸加工

(1)加工原理 在毛油精炼过程中产生的碱炼皂角和水化油脚可用来制取脂肪酸。存在于皂角中的脂肪酸有碱金属皂和中性油两种形式。皂角中肥皂含量为25%～30%,中性油为12%～25%,总脂肪酸含量为40%～50%,其余是水分和少量的胶体物质、色素、游离碱和饼屑等。

用油脚和皂角原料生产混合脂肪酸的原理基本相同。用皂角制取脂肪酸,是在强酸作用下,皂角发生分解,生成相应的脂肪酸和盐;中性油发生水解生成相应的脂肪酸和甘油。

(2)加工工艺类型 脂肪酸的制取一般分为混合脂肪酸的制取和混合脂肪酸的分离两部分。混合脂肪酸的制取方法有皂化酸解法、酸化水解法和溶剂皂化法等;混合脂肪酸的分离方法有冷冻压榨法、表面活性剂离心分离法、精馏法、溶剂分离法和尿素分离法等。

目前应用最多的皂角脂肪酸生产工艺有皂化酸解冷冻压榨分离法和酸化水解冷冻压榨分离法。

(3)皂化酸解冷冻压榨分离法 用皂化酸解冷冻压榨分离法制取油脚脂肪酸的工艺流程如图9-6所示。

皂角→皂化→酸解→水洗干燥→蒸馏→混合脂肪酸→冷冻压榨→固体脂肪酸
　　　　　　　　　　　　　　　　　　　　　　　　　　　液体脂肪酸

图9-6　用皂化酸解冷冻压榨分离法制取油脚脂肪酸的工艺流程

操作要点如下:

①皂化。将原料中的中性油脂补充皂化,同时使蛋白质、色

素、磷脂等杂质排出，使皂化率达到97%左右。皂化使用36波美度的氢氧化钠溶液，皂角pH值调节为10～11，皂化4～6小时。

②酸解。用质量分数为95%～98%的硫酸使肥皂成为黑脂肪酸。操作时，pH值控制为2～3。酸解以后，静置分层1～2小时，放出下层废酸液。

③水洗干燥。水洗是用2%盐水多次洗涤黑脂肪酸中残存的硫酸和杂质，使下层水相的pH值接近中性。然后在温度130℃左右，搅拌蒸发水分，直至液面无蒸汽逸出。

④蒸馏。在一定温度和真空度下蒸馏黑脂肪酸，得到颜色较浅、杂质含量较少的混合脂肪酸，沸点较高的不皂化物等成为黑脚被排出分离。

⑤冷冻压榨。混合脂肪酸含有50%～55%凝固点较低的不饱和脂肪酸，其余为凝固点稍高的饱和脂肪酸。在温度10℃～14℃，经过20～30小时的冷冻，饱和脂肪酸凝固成固体状态，而不饱和脂肪酸仍为液体状态。压榨是借助于机械压力，使固态饱和脂肪酸和处于其结晶颗粒组织中的液态不饱和脂肪酸分离，成为两种产品。

(4)酸化水解冷冻离心法　酸化水解冷冻离心法制取油脚脂肪酸工艺流程如图9-7所示。

```
                                 固体脂肪酸
                                      ↑
皂角→酸化水解→水洗干燥→蒸馏→混合脂肪酸→冷冻离心
                                      ↓
                                 液体脂肪酸
```

图9-7　酸化水解冷冻离心法制取油脚脂肪酸工艺流程

酸化水解是用硫酸将皂角中的肥皂分解，得到脂肪酸和中性油的混合物。这种混合物通常称为酸化油。然后在催化剂的作用下，使酸化油中的中性油水解生成脂肪酸和甘油。

①酸性催化剂在常温、常压条件下能催化油脂水解反应，常用的催化剂有硫酸、烷基苯磺酸、烷基磺酸等。

②碱性催化剂适用于高温油脂水解，在常压下对油脂水解不起作用，主要有碱性氧化物如氧化锌、氧化镁、氧化钙等。

酸化水解法的其他工序与皂化酸解法类似，最后采用离心分离法得到固体脂肪酸和液体脂肪酸两种产品。与皂化酸解法相比，酸化水解法不用烧碱和食盐，硫酸耗量也减少 30% 左右，并且便于从水解废水中回收甘油。

七、常用植物油料制油配套设备

河南新乡、四川青江等地的许多厂家生产的榨油设备可供选择。创办一个日榨 50 吨（原料）的中型榨油厂，其机械设备的投入约 60 万元。这可与日精炼 20 吨的精炼油厂配套。现以全国油脂加工机械设备生产制造重点骨干企业——河南省新乡市黄河油脂机械设备制造有限公司提供的设备为例，创办日榨原料 50 吨预榨车间的配套设备和投资见表 9-3。

表 9-3　日榨原料 50 吨预榨车间的配套设备和投资

序号	设备名称	型号规格	数量	单价/万元	动力/千瓦	备 注
1	原料提升机	TLJG.18	1	0.80	1.5	带式
2	振动清理筛	YQLZ.120	1	1.80	4	
3	磁选器	RCXQ.15	1	0.20	—	
4	原料提升机	TLJG018	1	0.80	1.5	带式
5	吸式去石机	XSQSJ.100	1	1.60	2	
6	压坯机	RRPT80*100	1	8.50	11	
7	原料提升机	TLJG.18	1	0.80	1.5	带式
8	蒸炒锅	YZCL180*5	1	14.50	18.5	
9	原料提升机	TLJG.18	1	0.80	1.5	链式
10	榨油机	202A-3	1	9.50	30	
11	过滤机	YL.20	1	1.80	—	
12	蒸汽分配器	YFQ.20	1	0.40	—	

续表 9-3

序号	设备名称	型号规格	数量	单价/万元	动力/千瓦	备　注
13	进料绞龙	JL.25	1	1.80	2.2	
14	出料绞龙	JL.25	1	1.80	2.2	
15	渣绞龙	JL.25	1	0.80	1.5	
16	三缸泵	YBS.60*80*3	1	0.60	3	
17	输油泵	KCB.55.5	1	0.50	2.2	
18	精细过滤机	YDGL.325	1	0.40	—	
19	风机	472#	1	0.40	—	
	风网	—	1	1.20	—	
	动力配电柜	—	1	2.00	—	
20	安装材料	—	—	3.50	—	
21	安装调试费	—	—	2.00	—	
合计			56.50	80.6		

注：报价时间为 2009 年 10 月。

第三节　植物油脂的精炼加工技术

一、毛油中杂质的去除

经压榨或浸出法得到的、未经精炼的植物油脂一般称之为毛油（粗油）。毛油的主要成分是混合脂肪酸甘油三酯，俗称中性油。此外，还含有数量不等的各类非甘油三酯成分，统称为油脂的杂质。

(1)机械杂质的去除　机械杂质是指在制油或储存过程中混入油中的泥沙、料坯粉末、饼渣、纤维、草屑和其他固态物质。这类杂质不溶于油脂，故可以采用过滤法、沉降法去除。

(2)水分的去除　水分的存在使油脂颜色较深，产生异味，促使酸败，降低油脂的品质和使用价值，不利于其安全储存。工业上常采用常压加热法去除。

(3)胶溶性杂质的去除　这类杂质以极小的微粒状态分散在油中,与油一起形成胶体溶液,主要包括磷脂、蛋白质、糖类、树脂和黏液物等,其中最主要的是磷脂。磷脂是一种营养价值较高的物质,但混入油中会使油色变深、混浊。磷脂遇热(280℃)会焦化发苦,吸收水分促使油脂酸败,影响油品的质量和利用。胶溶性杂质易受水分、温度和电解质的影响而改变其在油中的存在状态,生产中常采用水化、加入电解质进行酸炼或碱炼的方法将其从油中去除。

(4)脂溶性杂质的去除　主要有游离脂肪酸、色素、甾醇、生育酚、烃类、蜡、酮,还有微量金属和由于环境污染带来的有机磷、汞、多环芳烃、黄曲霉毒素等。

油脂中游离脂肪酸的存在会影响油品的风味和食用价值,促使油脂酸败。生产上常采用碱炼、蒸馏的方法将其去除。

色素能使油脂带较深的颜色,影响油的外观,可采用吸附脱色的方法将其从油中去除。某些油脂中还含有一些特殊成分;如棉籽油中含棉酚,菜籽油中含芥子甙分解产物等。它们不仅影响油品质量,还危害人体健康,也必须在精炼过程中除去。

(5)微量杂质的去除　这类杂质主要包括微量金属、农药、多环芳烃、黄曲霉毒素等,虽然它们在油中的含量极微,但对人体有一定的毒性,必须采用离心分离等方法去除。

二、毛油中胶体的脱除

脱除油中胶体杂质的工艺称为脱胶。而粗油中的胶体杂质以磷脂为主,故油厂常将脱胶称为脱磷。脱胶的方法有水化法、加酸法、加热法和吸附法等。下面侧重介绍水化法脱胶,兼顾其他脱胶方法。

(1)基本原理　水化法脱胶是利用磷脂等类脂物分子中含有

的亲水基,将一定数量的热水或稀的酸、碱、盐及其他电解质水溶液加到油脂中,使胶体杂质吸水膨胀并凝聚,从油中沉降析出,而与油脂分离的一种精炼方法。沉淀出来的胶质称为油脚。

(2)脱胶工艺

①水化脱胶工艺分为间歇式和连续式两种。间歇式脱胶工艺流程如图 9-8 所示。

过滤毛油→预热→加水水化→静置沉淀(保温)→分离→水化油→加水脱水→脱胶

粗磷脂油脚→回收中性油→粗磷脂

图 9-8　间歇式脱胶工艺流程

②加酸脱胶就是在毛油中加一定量的无机酸或有机酸,使油中的非亲水性磷脂转化为亲水性磷脂或使油中的胶质结构变得紧密,达到容易沉淀和分离的目的。

磷酸脱胶是在毛油中加入磷酸后,能将非亲水性磷脂转变为亲水性磷脂,从而易于沉降分离。添加油量 0.1%～1%的 85%磷酸,在 60℃～80℃温度下充分搅拌,接触时间视设备条件和生产方式而定,然后将混合液送入离心机进行分离脱除胶质。

浓硫酸脱胶是利用浓硫酸的作用,将蛋白质和黏液质树脂化而沉淀。在油温 30℃以下,加入油量 0.5%～1.5%的浓硫酸,经强力搅拌,待油色变淡(浓硫酸能破坏部分色素)、胶质开始凝聚时,添加 1%～4%的热水稀释,静止 2～3 小时,即可分离油脂,分离得到的油脂再以水洗 2～3 次。

稀硫酸脱胶加入油中的硫酸质量分数为 2%～5%。

③其他脱胶方法包括采用加柠檬酸、醋酐等凝聚磷脂,或以磷酸凝聚结合白土吸附等方法脱胶。

三、毛油中脂肪酸的脱除

1. 碱炼脱酸法

(1)基本原理　碱炼法是利用加碱中和油脂中的游离脂肪

酸,生成脂肪酸盐(肥皂)和水。肥皂吸附部分杂质而从油中沉降分离的一种精炼方法。形成的沉淀物称皂角。用于中和游离脂肪酸的碱有氢氧化钠(烧碱)、碳酸钠(纯碱)和氢氧化钙等。油脂工业生产上普遍采用的是价格较便宜的烧碱。烧碱能中和粗油中绝大部分的游离脂肪酸,生成的脂钠盐(钠皂)在油中不易溶解,成为絮凝胶状物而沉降。中和生成的钠皂为一表面活性物质,吸附和吸收能力强,可将相当数量的其他杂质(如蛋白质、黏液物、色素有磷脂及带有羟基或酚基的物质)带入沉降物内,甚至悬浮杂质也可被絮状皂团挟带下来。因此,碱炼本身具有脱酸、脱胶、脱杂质和脱色等综合作用。

(2)碱炼脱酸工艺 碱炼脱酸工艺分间歇式和连续式两种。间歇式适用于小型企业。间歇式碱炼脱酸工艺流程如图9-9所示。

碱液　富油皂角→皂角处理→回收油→皂脚

过滤毛油→精炼→中和→静置沉降→含皂脱酸油→洗涤→静置沉降→净油→干燥

　　　　　　　　　　　　　　　　废水　　　废水　　　脱酸油

图9-9　间歇式碱炼脱酸工艺流程

此工艺要求粗油原料为含胶质量低的浅色油,含杂质量应在0.2%以下。工艺操作要点如下:

①中和。碱液在流程开始后的5～10分钟一次加入,搅拌速度为60～70转/分钟。全部碱液加完后搅拌40～50分钟,完成中和反应后速度降到30转/分钟,继续搅拌10多分钟,使皂粒絮凝。用间接蒸汽将油迅速升温到90℃～95℃,并根据皂粒絮凝情况加强搅拌或改用气流搅拌。驱散皂粒内水分,促使皂粒絮凝。当皂粒明显沉降时,停止搅拌,静置沉降,静置时要注意保温。

②分皂角。在沉降分皂过程中,若采用间歇法处理,静置时间不少于4小时。若采用连续脱皂机分皂,静置时间可缩短到3小时。

③洗涤。最好是在每次专用洗涤罐内搅拌洗涤,油水温度不

低于85℃。洗涤水最好用软水，每次加水量为油量的10％～15％，搅拌强度应适中，使油水混合均匀。洗涤2～3次，以除去油中残留的碱液和肥皂，直到油中残留皂量符合工艺要求。如果发现油中还有少量皂粒，要用食盐水或淡碱水洗涤；如果发现有乳化现象，可向油内撒细粒食盐或投入盐酸溶液破乳。

④皂角处理。皂角中除肥皂水外，还含有不少中性油，应予回收。在皂角罐中加入一些中性油、食盐或食盐溶液，将皂角调和到可分离的稠度，然后送入离心机分离出中性油，得到的处理皂角可进行综合利用。

2. 蒸馏脱酸法

蒸馏脱酸法即不用碱液中和，而是借甘油三酸酯和游离脂肪酸相对挥发度的不同，在高温、高真空下进行水蒸气蒸馏，使游离脂肪酸与低分子物质随蒸汽一起排出。这种方法适合于高酸价油脂，特别是椰子油、棕榈油等低胶质油脂的精炼。

蒸馏脱酸的优点是不用碱液中和，中性油损失少；辅助材料消耗少，降低废水对环境的污染；工艺简单，设备少，精炼率高；同时具脱臭作用，成品油风味好。但由于高温蒸馏难以去除胶质与机械杂质，所以，蒸馏脱酸前必须先经过滤、脱胶程序。高酸价毛油也可采用蒸汽蒸馏与碱炼相结合的方法脱酸。

四、毛油中色素的脱除

纯净的甘油三酸酯呈液态时为无色，呈固态时为白色。但常见的各种油脂都带有不同的颜色，影响油脂的外观和稳定性。这是因为油脂中含有数量和品种都相同的色素物质所致。这些色素有些是天然色素，主要有叶绿素、类胡萝卜素、黄酮色素等；有些是油料在储藏、加工过程中糖类、蛋白质的降解产物等。在棉籽油中含有棕红色的棉酚色腺体，是一种有毒成分。植物油中的各种色素物质性质不同，需专门的脱色工序处理。

油脂脱色在工业生产中应用最广泛的是吸附脱色法，即利用某些吸附能力强的表面活性物质加入油中，使其吸附油脂中的色素及其他杂质，过滤除去吸附剂及杂质，达到油脂脱色净化的目的。

(1)吸附剂的种类 吸附剂应吸附力强，选择性好，吸油率低，对油脂不发生化学反应，无特殊气味和滋味，价格低，来源丰富。吸附剂有天然漂土、活性白土和活性炭三种。

①天然漂土。为一种膨润土，主要含蒙脱土，呈酸性，又称为酸性白土。

②活性白土。以膨润土为原料经加工而成的活性较高的吸附剂，具有很强的吸附能力，广泛应用于油脂工业的脱色。

③活性炭。由树枝、皮壳等炭化后，再经活化处理而成，一般不单独使用，往往与活性白土混合使用。活性炭与活性白土的比例为 1∶(10～20)。

(2)吸附原理

①吸附剂的表面性。吸附剂的颗粒很小，可获得大的表面能。

②物理吸附。靠分子间的范德华力进行吸附，无选择性，具多层性，吸附热很低，吸附速度和解吸速度都快。

③化学吸附。通过吸附剂表面和被吸附物间的低级化学反应，被化学吸附的物质解吸下来时，都要发生化学结构方面的变化，如异构化等。

(3)脱色工艺参数和操作要点

①温度。在吸附剂表面生成"吸附剂-色素"化合物，需要一定的能量，所以，必须有一定的温度。吸附温度一般控制在 80℃，不超过 85℃。

②压力。脱色操作分常压和减压。常压脱色时，油脂热氧化反应总是伴随着吸附作用；减压脱色(压力为 6.7～8.0 千帕，即

真空度93.3～94.7千帕)可防止油脂氧化,水分蒸发速度(吸附剂的水分)加快。由于吸附剂被水屏蔽,只有去除水分,吸附剂才能吸附色素。

③搅拌。搅拌速度≤80转/分钟,使色素与吸附剂充分接触,使吸附剂在油中分布均匀。

④时间。脱色时间一般为10～20分钟,间歇式操作15～30分钟,连续脱色5～10分钟。加入酸性白土后,随着时间的加长,油脂的氧化程度及酸价回升速度都会提高。

⑤吸附剂用量。目前,国内大宗油脂的脱色,均使用市售的白土。达到高烹油、色拉油标准所需的白土量为油量的1%～3%。

⑥含水量。油中水分也影响白土对色素的吸附作用。因此,油在脱色前,必须先进行脱水,使水含量在0.1%以下。

⑦其他。白土和胶杂的相互吸附能力强,故在脱色过程中应尽量减少胶杂。残皂的存在影响了白土的吸附能力,使油脂酸价增加,也应尽量减少。油中金属离子的浓度高,也将大大影响油脂的脱色,均应降低含量。

五、毛油中臭味的脱除

(1)臭味的来源

①植物油脂本身固有的风味和气味,如酮类、醛类、烃类等氧化物。

②在制油过程中,也会产生一些新的气味,例如溶剂味、肥皂味和泥土味等。所有这些为人们所不喜欢的气味,统称为"臭味"。脱臭就是要除去油脂中引起臭味的物质。

(2)脱臭的方法
有真空蒸汽脱臭法、气体吹入法、加氢法、聚合法和化学药品脱臭法等。其中,真空蒸汽脱臭法是目前国内外应用得最为广泛、效果较好的一种方法。它是利用油脂内的臭味物质和甘油三酸酯挥发度的极大差异,在高温高真空条件下,借助水蒸气蒸馏的原理,使油脂中引起臭味的挥发性物质在脱臭器内与水蒸气一起逸出而达到脱臭的目的。

六、毛油中蜡质的脱除

米糠油、葵花籽油等含有较多的蜡质。蜡质是一种一元脂肪酸和一元醇结合的高分子酯类,具有熔点较高、油中溶解性差、人体不能吸收等缺点,影响油脂的透明度和气味,也不利于加工。为提高食用油脂的质量并综合利用植物油脂蜡源,应对油脂进行脱蜡处理。根据蜡与油脂的熔点差及蜡在油脂中的溶解度随温度降低而变小的物理性质,可通过冷却析出晶体蜡,再经过滤或离心分离将蜡油分离出来。

脱蜡工艺可分为常规法、碱炼法、表面活性剂法、凝聚剂法、静点法和综合法等。

七、常用植物油脂精炼配套设备

榨油厂榨出来的油是毛油,含有杂质,必须经过精炼设备的精炼,才能成为商品食用油。精炼设备如何选型与配置?现以河南新乡市黄河油脂机械设备制造有限公司提供的设备为例,每天精炼 20 吨高烹油车间的配套设备和投资概算见表 9-4。建设一个中型的精炼厂,设备投资近 50 万元,加上厂房和流动资金约 80 万元左右。

表 9-4　每天精炼 20 吨高烹油车间的配套设备和投资概算

序号	设备名称	规格型号	数量	单价/万元	合计/万元	动力/千瓦	备 注
1	精炼锅	LYYG220	3	2.60	7.80	3.8/5	带减速机
2	热水碱水箱	126×100×80	1	0.50	0.50	—	
3	白土罐	φ100×126	1	0.20	0.20	—	
4	空气压缩机	pH3.0	1	0.35	0.35	2.2	

续表 9-4

序号	设备名称	规格型号	数量	单价/万元	合计/万元	动力/千瓦	备　注
5	脱色罐	LYSG220	1	3.00	3.00	4	带减速机
6	排渣过滤机	ZL-20	1	4.80	4.80	—	不锈钢
7	脱色油池	20×20×25	1	—	—	—	自备
8	脱臭锅	LYXG220	1	9.80	9.80	—	不锈钢
9	皂角锅	LYYG160	1	1.40	1.40	—	
10	代式过滤器	JL-50	1	0.35	0.35	—	
11	气液分离器	QYF40	1	0.10	0.10	—	
12	蒸汽发生器	ZG20	1	3.60	3.60	—	
13	水汽串联机组	QSWJ-160	1	1.20	1.20	11	
14	膨胀槽	YG60×80	1	0.20	0.20	—	
15	导热油炉	RDL50	1	5.60	5.60	—	
16	储油罐	DYG120	1	0.50	0.50	—	
17	分离器	FLQ60	1	0.20	0.20	—	
18	脱色泵	RY50-32-200	1	0.45	0.45	3	带电机
19	输油泵	KCB55.5	2	0.18	0.36	6	带电机
20	导热油泵	RY80-50-200	1	0.60	0.60	7.5	带电机
21	水泵	IS80-65-200	1	0.30	0.30	2.2	带电机
22	成品油池	—	1	—	—	—	自备
23	配电柜	—	1	1.20	1.20	—	
24	管道、阀门、仪表	—	1	2.30	2.30	—	
25	安装材料费	—	1	2.00	2.00	—	
26	安装调试费	—			1.50	—	
	合计				48.31	47.3	

注：报价时间为 2009 年 10 月。

第四节　植物油脂的深加工技术

一、液态转固态的油脂氢化

1. 油脂氢化的基本原理

(1)氢化　在金属催化剂的作用下,把氢加到甘油三酸酯的不饱和脂肪双键上,这种化学反应称为油脂的氢化反应,简称油脂氢化。氢化是使液态的不饱和脂肪酸加氢成为固态的饱和脂肪酸的过程。反应后的油脂,碘值下降,熔点上升,固体脂数量增加,被称为氢化油或硬化油。对食用油脂的加工,氢化是变液态油为半固态酯、塑性酯,以适应人造奶油、起酥油、煎炸油和代可可脂等生产需要的加工油脂。氢化还可以提高油脂的抗氧化稳定性及改善油脂色泽等目的。根据加氢反应程度的不同,又有轻度(选择性)氢化和深度(极度)氢化之分。

(2)轻度(选择性)氢化　指在氢化反应中,采用适当的温度、压强、搅拌速度和催化剂,使油脂中各种脂肪酸的反应速度具有一定选择性的氢化过程,主要用作食用油脂深加工产品的原料脂肪,如用作起酥油、人造奶油、代可可脂等的原料脂。产品要求有适当碘值、熔点、固体酯指数和气味。

(3)深度(极度)氢化　指通过加氢,将油脂分子中的不饱和脂肪酸全部转变成饱和脂肪酸的氢化过程。极度氢化主要用于制取工业用油。其产品碘值低,熔点高。

2. 氢化反应特性和常用催化剂

油脂氢化反应可用下式表示:

$$—CH\!=\!CH— + H_2 \xrightarrow{\text{催化剂}} —CH_2—CH_2— + 热$$

(1)多相结合催化性　反应物有油脂-液相、氢气-气相、催化剂-固相三相。只有当三相反应物碰在一起时,才能起氢化反应。

因此，需要采用机械搅拌装置。

(2)油脂氢化过程性

①氢溶解在油和催化剂的混合物中。

②反应物向催化剂表面扩散。

③吸附。

④分步表面反应，一般不饱和甘油酯在活化中心只有一个双键，首先被饱和，其余的逐步被饱和。

⑤解吸，产物从催化剂表面向外扩散。

(3)选择性

①亚麻酸氢化成亚油酸，再氢化成油酸，进而氢化成硬脂酸，几个转化过程快慢，是相对于化学反应速率而得出的，亦称化学选择性。

②对催化剂而言，如果某一种催化剂具有选择性，在它作用下生产的硬化油在给定的碘值下具有较低的稠度或熔点。

(4)异构化　油脂氢化时，碳链上的双键首先与一个氢原子起反应，产生一个十分活泼的中间体，然后有如下两种可能：

①中间体与另一个原子反应，双键被饱和，形成饱和分子。

②中间体不能与另一个氢原子反应，中间体重新脱除一个氢原子而产生异构化，既有位置异构（脱去的氢原子是邻位上时，双键位置发生改变），也有几何异构（脱去的氢原子是原先加上的，形成反式异构体）。随着氢化的进行，异构化的双键倾向于沿碳链转移到更远的位置上，反式异构体的含量将上升到单烯被饱和为止。

(5)热效应性　油脂氢化反应是放热反应。据测定，在氢化时，每降低一个碘价就使油脂本身的温度升高 $1.6℃\sim1.7℃$，相对于每个双键被饱和时，放出约 120 千焦耳的热量。

氢化反应常用的催化剂有镍-铁催化剂、铜-镍二元催化剂、铜-铬-锰三元催化剂、钯和铑催化剂等。

3. 油脂氢化工艺

油脂氢化工艺流程：

原料→预处理→除氧脱水→氢化→过滤→后脱色→脱臭→成品氢化油

①预处理。为保证氢化反应顺利进行,保证催化剂的活性及尽量减少其用量,在进入氢化反应器之前,原料油脂中的杂质应尽量去除。这些杂质有水分、胶质、游离脂肪酸、皂脚、色素、硫化物,以及铜、铁等。

②除氧脱水。水分的存在会占据催化剂的活化中心,氧会在高温和催化剂的作用下与油脂起氧化反应,故油脂在氢化之前,必须先除氧脱水。间歇式氢化工艺的除氧脱水一般在氢化反应器中进行,连续式氢化工艺则一般另加除氧器。除氧脱水的真空度为 94.7 千帕,温度为 140℃～150℃。

③氢化。催化剂事先与部分原料油脂混匀,借真空将催化剂浆液吸入反应器,充分搅拌混合。停止抽真空,通入一定压力的氢气,反应开始进行。反应条件根据油脂的品种及氢化油产品质量的要求而定。一般情况下,氢化温度为 150℃～200℃。但氢气应在 140℃～150℃时开始加入,压力为 0.1～0.5 兆帕,催化剂用量 0.01%～0.5%(镍/油),搅拌速度 600 转/分钟以上。

大豆油轻度氢化去除亚麻酸的反应条件为温度 170℃,压力 0.1 兆帕,催化剂量 0.02%(镍/油),搅拌速度 600 转/分钟。

豆油选择性氢化用做人造奶油原料。其反应条件为温度 180℃±5℃,压力 0.3 兆帕,催化剂量 0.1%(镍/油),产品熔点为 43℃±1℃。

④过滤。过滤是将氢化油与催化剂分离。过滤前,油及催化剂必须先在真空下冷却至 70℃混合,然后进入过滤机。

⑤后脱色。油中的催化剂残留量只通过过滤还达不到食用标准,必须借白土吸附和借加入柠檬酸钝化镍的办法进一步加以

去除。故后脱色的目的是去除油中残留的镍。后脱色时,白土加入量为 0.4％～0.8％,反应温度 100℃～110℃,时间 10～15 分钟,压力 6.7 千帕。后脱色处理后,油脂中镍残留量可由原来的 50 毫克/千克降到 5 毫克/千克。

⑥脱臭。氢化过程中会出现少量的断链、醛酮化、环化等反应,因而氢化油具有异味,称为氢化臭。脱臭的目的是去除原有的异味以及氢化产生的氢化臭。脱臭完毕,在油中加入 0.02％柠檬酸作抗氧化剂。柠檬酸可与镍结合成柠檬酸镍,使油中游离镍含量接近于零。

4. 常用油脂氢化设备

油脂氢化设备主要有氢化反应器、催化剂混合器、除氧脱水器和过滤机等。

(1)氢化反应器　其作用是使油、氢气、催化剂三相混合均匀,进行氢化反应。按工艺特点的不同,氢化反应器可分为间歇式和连续式两种。按设备构造特点的不同又可分为封闭式、液相循环式、气相循环式和管式反应器等。

(2)催化剂混合器　作用是将催化剂与油脂混合,制成悬浮液。

(3)除氧脱水器　连续式氢化工艺设置了专用的除氧脱水器,有闪发式、喷射式等。

(4)过滤机　作用是将产品中的催化剂与氢化油分离。可采用叶式或板框过滤机。过滤温度为 80℃,过滤后用蒸汽和压缩空气吹干滤饼,以回收残油。

二、人造奶油加工

人造奶油是指精制食用油添加水及其他辅料,经乳化、急冷捏合成具有天然奶油特色的可塑性制品。传统配方油脂含量一般在 80％左右。近来,国际上人造奶油新产品不断出现,在营养价值和使用性能等方面超过了天然奶油。目前,人造奶油大部分为家庭用,一部分是行业用。

1. 人造奶油的种类

(1)家庭用人造奶油 可直接涂抹在面包上食用,少量用于烹调,市场销售的多为小包装。家庭用人造奶油具有保形性、延展性和口溶性等特性。

保形性即置于室温时,不熔化、不变形等,在外力作用下,易变形,可做成各种花样。延展性即置于低温时,在面包上仍易于涂抹。口溶性即置于口中应迅速溶化。

以上物理性质有些矛盾。如延展性和口溶性很好,置于桌上往往保形性差。必须根据季节调节人造奶油的熔点。近年来,家庭中冷藏设备的逐渐普及,使这个问题得到解决。如软型人造奶油放在冷藏设备中保存,延展性、口溶性都很好。

人造奶油可通过合理的配方和加工使其具有良好的滋味和香味,并有一定营养价值,可作为人体热量的来源(一般 100 克人造奶油可产生 3050 千焦热量)。人造奶油还富含多种不饱和脂肪酸。家庭用人造奶油可分为以下几种类型:

① 硬型餐用人造奶油。熔点与人的体温接近。国外 20 世纪 50 年代以硬型人造奶油为主。

② 软型人造奶油。特点是配方使用较多的液体植物油,亚油酸在 30% 左右,改善了低温下的延展性。自 20 世纪 60 年代上市以来,由于涂抹方便及营养方面的优越性,很快得到发展。

③ 高亚油酸型人造奶油。这类人造奶油含亚油酸 50%～63%。

④ 低热量型人造奶油。1974 年国际人造奶油组织提出低脂人造奶油的标准方案,其中,规定脂肪含量 39%～41%,乳脂 1% 以下,水 50% 以上。

(2)食品工业用人造奶油 食品工业用人造奶油是以乳化液型出现的配酥油。它除具备起酥油的加工性能外,还能够利用水溶性的食盐、乳制品和其他水溶性增香剂改善食品的风味，并使制品带上具有魅力的橙黄色等。

食品工业用人造奶油可分为以下几种类型：

①通用型人造奶油。这类人造奶油属于万能型，具有可塑性和酪化性，溶点一般都较低。

②专用人造奶油。包括面包用人造奶油，起层用人造奶油，油酥用人造奶油。

③逆相人造奶油。一般人造奶油是油包水型（W/O）乳状物，逆相人造奶油是水包油型（O／W）乳状物。由于水相在外侧，加工时不粘辊，延伸性好，适于加工糕点。

④双重乳化型人造奶油。这种人造奶油产生于 1970 年，是 O/W/O 乳化物。由于 O/W 型人造奶油与鲜乳一样，水相为外相，此风味清淡，受到消费者欢迎，但容易引起微生物侵蚀，而 W/O 人造奶油不易滋生微生物而且起泡性、保形性和保存性好。O/W/O 人造奶油同时具备 W/O 型和 O/W 型的优点，既易于保存，又清淡可口，无油腻味。

2. 人造奶油的原料、辅料

(1)原料油脂

①动物油。牛脂、猪脂、羊脂，起酥性非常好，氧化稳定性及酪化性差。

②动物氢化油。鲸油、鱼油等海产动物油脂，其口溶性良好，稳定性差，高温加热会发臭。

③植物油。大豆油、棉籽油、椰子油、棕榈油、棕榈仁油、红花油、米糠油、玉米油、葵花籽油、菜籽油、玉米胚芽油、花生油等。

④植物氢化油。用植物油经选择性氢化得到的油脂。

以上油脂必须是经很好碱炼、脱色、脱臭等处理的精炼植物油。

(2)辅料　辅料是为了改良制品的风味、外观组织、物理性质、营养价值和储存性等,以提高产品价值。

①乳成分。一般多使用牛奶和脱脂乳。新鲜牛奶需经过灭菌处理后直接使用,也可用发酵乳强化人造奶油的风味,还可以利用其乳化能力。其用量以乳的固形成分 1% 左右为宜。

乳成分易使细菌等微生物繁殖,使人造奶油变质。解决的办法是使用防腐剂和冷藏在 10℃ 以下(最好 5℃ 以下)。我国目前在配料中一般不用发酵乳和鲜牛奶,以利保存。在配料中一般加些脱脂奶粉或植物蛋白。

②食盐。家庭用人造奶油几乎都加食盐。加工糕点用的人造奶油多不添加食盐。食盐能起到防腐和调味的作用。

③乳化剂。为形成乳状液和防止油水分离,制取人造奶油时必须使用一定量的乳化剂。常使用的乳化剂为卵磷脂、单硬脂酸甘油酯、单脂肪酸蔗糖酯、山梨糖醇酐脂肪酸酯、丙二醇酯等。单脂肪酸蔗糖酯常用于水包油型人造奶油的制取,单独使用一种乳化剂的并不多见,而是两种以上并用。乳化剂不仅可生成稳定的乳化物,而且用在食品中有抗老化的作用。卵磷脂可防烹调时油脂飞溅,其用量为 0.3%～0.5%,单硬脂酸甘油酯用量为 0.1%～0.5%。

④防腐剂。为阻止微生物的繁殖,人造奶油中需加防腐剂。我国允许用苯甲酸或苯甲酸钠,用量为 0.1% 左右。

⑤抗氧化剂。为防止原料油脂的酸败和变质,通常加维生素E、2,6－二叔丁基对甲酚(BHT)、丁基羟基茴香醚(BHA)、没食子酸丙酯(PG)等抗氧化剂,也可添加柠檬酸作为增效剂。

⑥香味剂。为使人造奶油的香味接近天然奶油香味,可加入少量像奶油味和香草一类的合成食用香料,来代替或增强乳香。可用来仿效奶油风味的香料有好几十种。它们的主要成分为丁二酮、丁酸、丁酸乙酯等。

⑦着色剂。人造奶油一般无需着色,但为了仿效天然奶油的

微黄色,有时需加入着色剂。主要使用的着色剂是 β-胡萝卜素,也可用柠檬黄等。

3. 人造奶油加工工艺

(1)调和　原料油按一定比例经计量后进入调和锅调匀。油溶性添加物(乳化剂、着色剂、抗氧剂、香味剂、油溶性维生素等)用油溶解后倒入调和锅。水溶性添加物用经杀菌处理的水溶解成均匀的溶液后备用。典型的人造奶油配方如下:

原料油脂	80%~82%	水分	14%~17%
食盐	0%~2%	甘油单酸酯	0.2%~0.3%
卵磷脂	0.1%	胡萝卜素	微量
香精	0.1~0.2毫克/升	脱氢醋酸	0%~0.05%
固体乳成分	0%~2%		

(2)乳化　乳化的目的是使水相均匀而稳定地分散在油相中。而水相的分散程度对产品的品质影响很大。人造奶油的风味和水相颗粒的大小密切相关。微生物的繁殖是在水相中进行的,一般细菌的大小为 1~5 微米,故水滴在 10~20 微米以下可以限制细菌的繁殖。但水相分散过细,水滴过小,也会使人造奶油油感重,风味较差;如分散不充分,水相颗粒过大会使人造奶油腐败变质。所以,乳化操作应达到一定的分散程度。水相的分散度可通过显微镜观察。加工普通的 W/O 型人造奶油,可把乳化锅内的油脂加热至 60℃,然后加入计量好的相同温度的水(含水溶性添加物)在乳化锅内迅速搅拌,形成油包水型乳化液。香料在乳化操作结束时加入。

(3)冷却塑化　以机械搅拌形成的乳状液很不稳定,停止搅拌后就可能产生油水分离现象。所以,混合后的乳状液应立即送往后道工序进行冷却塑化加工。在冷却塑化工序中,主要是实现将油水的乳化状态通过激冷固定下来,并使制品进一步乳化和具有可塑性。现普遍采用密闭式连续激冷塑化装置。

(4)包装、熟成 从捏合机出来的人造奶油为半流体,要立即送往包装机。有些成形的制品则先经成形机后再包装。包装好的人造奶油置于比熔点低 10℃ 的仓库中保存 2～5 天,使结晶完成。这项工序称为熟成。

三、起酥油加工

起酥油是 19 世纪末在美国作为猪油代用品而出现的。1910年,美国从欧洲引进了氢化油技术,把植物油和海产动物油加工成硬脂肪,使起酥油生产进入一个新的时代。用氢化油制的起酥油,其加工面包、糕点的性能比猪油更好。日本起酥油生产是在1951 年后开始的。我国工业生产起酥油始于 20 世纪 80 年代初期。

传统的起酥油是具有可塑性的固体脂肪,与人造奶油的区别主要在于起酥油没有水相,具有可塑性、起酥性、乳化性等加工性能。一般不宜直接食用,而是用来加工糕点、面包或煎炸食品等。

1. 起酥油的种类

(1)按原料种类不同 分为植物性、动物性和动植物混合型起酥油。

(2)按制造方法不同分类

①全氢化型起酥油。原料油全部由不同程度氢化的油脂组成,其氧化稳定性特别好。不过由于天然不饱和脂肪酸含量较低,对营养价值有些影响,而且价格也较高。

②混合型起酥油。氢化油中添加一定比例的液体油作为原料油,这种起酥油可塑性范围较宽,可根据要求任意调节,价格便宜。

③酯交换型起酥油。用经酯交换的油脂作为原料制成。此种起酥油保持了原来油脂中有饱和脂肪酸的营养价值。

(3)按使用添加剂不同　分为非乳化型起酥油和乳化型起酥油。

(4)按性能不同分类

①通用型起酥油。应用范围广,主要用于加工面包、饼干等。

②乳化型起酥油。含乳化剂较多,通常含 10%～20% 的单脂肪酸甘油酯等乳化剂。其加工性能较好,常用于加工西式糕点和配糖量多的重糖糕点。用这种起酥油加工的糕点体积大,松软,口感好,不易老化。

③高稳定型起酥油。可长期保存,不易氧化变质。全氢化起酥油多属于这种类型。

(5)按性状不同分类

①可塑性起酥油。

②液体起酥油。指在常温下可以进行加工和用泵输送,储藏过程中固体成分不被析出,具有流动性和加工特性的食用油脂,又可分为流动型起酥油和 O/W 乳化型起酥油。流动型起酥油油脂为乳白色,内有固体脂的悬浮物;O/W 乳化型起酥油含有水的乳化型油脂。

③粉末起酥油。又称为粉末油脂,是在方便食品发展过程中产生的,一般含油脂量为 50%～80%. 可以添加到糕点、即食汤料和咖喱素等方便食品中使用。

2. 起酥油的加工性能

(1)可塑性　可塑性是其最基本的加工特性,是指在外力作用下可以改变其形状,甚至可以像液体一样流动。例如,餐用人造奶油可以涂在面包上食用。可塑性大小受固体和液体的比例、温度高低、固体脂肪含量,以及结晶颗粒的大小等因素影响,可按加工需要进行调节。

(2)起酥性　起酥性是指烘焙糕点具有酥脆易碎的性质。各种饼干就是酥脆点心的代表。用起酥油调制食品时,油脂呈薄膜状分布在小麦粉颗粒的表面,阻碍面筋质相互黏结,使烘烤出来的点心松脆可口。可塑性适度的起酥油起酥性好。

(3)酪化性 起酥油加到混合面浆中经高速搅打起泡时,空气中的细小气泡被起酥油吸入,油脂的这种含气性质称为酪化性。酪化性的大小可用酪化价(CV)表示。用 1 克油脂中所含空气毫升数的 100 倍表示酪化价。

起酥油的酪化性要比奶油和人造奶油好得多。加工蛋糕若不使用酪化性好的油脂,则不会产生大的体积。蛋糕的体积还与面团内的含气量成正比。

(4)乳化性 油和水互不相溶,但食品加工中经常要将油相和水相混在一起,而且希望混得均匀而稳定。通常起酥油中含有一定量的乳化剂,因而它能与鸡蛋、牛奶、糖、水等乳化,并均匀分散在面团中,促进体积的膨胀,而且能加工出风味良好的面包和点心。

(5)氧化稳定性 与普通油脂相比,起酥油的氧化稳定性好。这是因为原料中使用了经选择性氢化的油,尤以全氢化型植物性起酥油效果最好。

3. 起酥油的原料和辅料

(1)原料油脂 生产起酥油的原料油有植物性油脂,如豆油、棉籽油、菜籽油、椰子油、棕榈油、米糠油和它们的氢化油;动物性油脂,如猪油、牛油、鱼油和它们的氢化油脂,都必须经很好精炼,氢化油必须是选择性氢化油。

(2)辅料 起酥油的添加剂有乳化剂、抗氧化剂、消泡剂、着色剂、氮气和香料。

①乳化剂。包括单脂肪酸甘油酯、脂肪酸蔗糖酯、大豆磷脂、脂肪酸丙二醇酯和脂肪酸山梨糖脂等。单脂肪酸甘油酯添加量为 0.2%～1.0%,使用它可以提高起酥油的乳化性、酪化性和吸水性,与面粉、鸡蛋、水等分散均匀,增大食品体积;此外,单脂肪

酸甘油酯与淀粉形成复合体,利于保持水分,防止食品老化。脂肪酸蔗糖酯和单脂肪酸甘油酯有类似的作用。大豆磷脂一般不单独使用,多与单脂肪酸甘油酯等其他乳化剂配合使用。通用型起酥油中,大豆磷脂和单脂肪酸甘油酯混合时的添加量为0.1%～0.3%。脂肪酸丙二醇酯通常是丙二醇和单脂肪酸甘油酯混合使用时具有增效作用,添加量为5%～10%。脂肪酸山梨糖脂是山梨糖的羟基与脂肪酸结合成的酯,具有较强的乳化能力,在高乳化型起酥油中添加量为5%～10%。

②抗氧化剂。起酥油中的抗氧化剂使用生育酚、叔丁基茴香醚(BHA),二叔丁基羟基甲苯(BHT)、没食子酸丙酯(PG)。添加量必须在食品卫生法规定的范围内。

③消泡剂。用于煎炸的起酥油需要消除气泡,一般添加聚甲基硅酮,添加量为2～5毫克/千克。加工面包和糕点用起酥油不使用消泡剂。

④氮气。每100克速冷捏合的起酥油应含有20毫升以下的氮气。熔化后使用的煎炸油不需压入氮气。

4. 起酥油加工实例

(1)可塑性起酥油　可塑性起酥油的连续加工工艺流程:原辅料→急冷捏合→包装→熟成

几种原料油按一定比例经计量后加入调和罐,添加物用油溶解后倒入调和罐,在调和罐内预先冷却到49℃,再用泵送到急冷机,用液氨迅速冷却到过冷状态(25℃),部分油脂形如结晶,然后通过捏合机连续捏合并在此结晶,出口时温度为30℃。

(2)液体起酥油

①把原料油脂及辅料掺和后用急冷机进行急冷,然后在贮罐存放16小时以上,搅拌使之呈流动状态,再装入容器。

②将硬脂或乳化剂磨成细微粉末,添加到作为基料的油脂中,用搅拌机搅拌均匀。

③将配好的原料加热到65℃使之熔化，慢慢搅拌，徐徐冷却，使其形成β型结晶，直到温度下降到装罐温度（约26℃）。

(3)粉末起酥油 目前大部分用喷雾干燥法生产。将油脂、被覆物质、乳化剂和水一起乳化，然后喷雾干燥，使之呈粉末状态。

使用的油脂通常是熔点30℃～35℃的植物氢化油。

使用的被覆物质包括蛋白质和碳水化合物。蛋白质有酪蛋白、动物胶、乳清、卵白等；碳水化合物是玉米、马铃薯等鲜淀粉，也可使用胶状淀粉、淀粉糖化物和乳糖等，还可使用纤维素或微结晶纤维素。

使用的乳化剂有卵磷脂、单脂肪酸甘油酯、丙二醇酯和蔗糖酯等。

粉末油脂成分为脂肪 79.5%～80.8%，蛋白质 7.9%～8.1%，碳水化合物 4.1%～4.6%，无机物（K_2HPO_4，CaO 等）3.5%～3.8%，水分 1.5%～1.7%。

四、蛋黄酱加工

蛋黄酱是用食用植物油、蛋黄或全蛋、醋或柠檬为主要原料，并辅之以食盐、糖及香辛料，经调制、乳化混合制成的一种黏稠的半固体食品。它是不加任何合成着色剂、乳化剂、防腐剂的天然、风味浓郁独特的、高营养半固体状调味品，可浇在色拉（西式凉拌菜）、海鲜上，也可涂在面包、热狗等烘烤食品上，还可拌在米饭中，别具风味，深得各年龄段人们的欢迎。

1. 蛋黄酱加工原理

乳化是蛋黄酱制造的关键。油与水是互不相溶的液体，使两者形成稳定混合液的过程叫乳化。通常把油以极细微粒分散于水中形成的乳化液称为水中油型（O/W）乳化液；反之则称为油中水型（W/O）乳化液。蛋黄酱就是一种 O/W 型近于半固体状的乳化液。

　　乳化不仅需靠强烈搅拌使分散相微粒化，均匀分散于连续相中，而且还需有乳化剂的存在。乳化剂分子是由亲油的非极性基团和亲水的极性基团组成。因此，乳化剂能为油水结合而起媒介作用。乳化剂不仅可以降低油水两相间的表面张力，有利于分散相微粒化，同时也因乳化剂分布在微粒表面，防止了微粒的并合。蛋黄中含有 30％～33％的脂肪，其中磷脂占 32.8％，而磷脂的73％为卵磷脂。蛋黄酱正是利用了卵磷脂的乳化性能制成的。当卵磷脂与油和醋(含水分)这两个不相溶的物质在机械搅动、转动切割时，亲油、亲水基团就将油、水形成了水包油型乳状液。

　　2. 蛋黄酱的原料和辅料

　　蛋黄酱主要原料有植物油、蛋黄、食醋；辅料有砂糖、食盐、味精等调味料，以及芥子粉、白胡椒粉、辣椒粉等香辛料。

　　(1)植物油　在蛋黄酱中，一般要求植物油含量大于 65％(以质量计)。常用的有大豆油、棉籽油、菜籽油、米糠油、玉米油、葵花籽油、橄榄油等经精加工脱色、脱臭及氢化处理(除去高凝固点脂肪)的色拉油。这些植物油均含有丰富的人体必需而又不能自己合成的亚油酸、亚麻酸等必需脂肪酸。它有助于降低体内过剩的胆固醇。

　　(2)蛋黄　蛋黄是蛋黄酱特有风味的主要成分，又是乳化剂，一般在蛋黄酱中的用量为 6％～8％(以质量计)。选用新鲜的鸡蛋，蛋黄指数应大于 0.4，其他禽蛋亦可。蛋黄要求新鲜。鲜度低其乳化性能差，易造成产品中油脂分离。也可以用加 10％左右食盐的冷冻蛋黄，但不用冷冻淡蛋黄，因其黏度大、乳化性差，会导致产品的稳定性降低。

　　(3)食醋　醋是蛋黄酱独特风味的另一重要组成成分，一般多用糟醋、苹果醋、麦芽醋等酿造醋，风味好；但要求色泽浅，食用醋精为无色，也可对水使用。食醋(含醋酸 5％左右)用量 10％左右。

(4)调味料及香辛料 调味料一般用砂糖1%～2%,食盐1%～2%,少许味精;香辛料主要有芥末、胡椒粉、辣椒粉、姜粉等,用量以1%～2%为宜。

3. 蛋黄酱加工工艺

(1)蛋黄酱加工工艺流程 蛋黄酱加工工艺流程如图9-10所示。

鲜蛋黄→消毒杀菌→搅拌混合→乳化→装罐密封→杀菌→成品

精炼植物油及各种辅料

图9-10 蛋黄酱加工工艺流程

(2)操作要点

①蛋黄的制备。选用新鲜蛋,用1%高锰酸钾溶液清洗,打蛋后分离出蛋黄。

②蛋黄处理。将蛋黄用容器装好,放在60℃的水浴中保温3～5分钟,以清除蛋内的沙门氏等菌。将蛋黄放在ZK型组织捣碎机内先搅拌1分钟左右,再加入砂糖和盐搅拌至溶解为止。

③加调味料。味精、花椒油、八角油等调味料一次加入,搅拌1分钟左右。

④搅拌乳化。将植物油和醋按量分次交替加入搅拌,直至产生均匀而稳定的蛋黄酱为止。乳化时,将油在水相中分散成几十至几微米的微粒,其表面积将增大10^3～10^4倍,需消耗大量表面能,而蛋黄酱的黏度又很大,故乳化需强烈剪切作用的机械,通常用搅拌机和胶体磨。

搅拌机有立式双轴或单轴搅拌机,搅拌桨做行星轨迹运动,这样能使搅拌遍及桶内全部物料。为防止搅拌时空气混入料液,应采用密闭真空液、密闭真空搅拌或充氮置换搅拌。

⑤装罐密封。倒出蛋黄酱分装于已清洗过的玻璃罐。每瓶250克,密封盖。杀菌方式为15～30分钟/120℃反压冷却,反压力为0.118～0.147兆帕。

五、调和油加工

调和油就是将两种或两种以上的高级食用油脂按科学的比例调配成的高级食用油。

1. 调和油的种类

(1)风味调和油　把菜籽油、米糠油、棉籽油等经全精炼，然后与香味浓郁的花生油、芝麻油按一定比例调和，制成"轻味花生油"或"轻味芝麻油"。

(2)营养调和油　利用玉米胚芽油、葵花籽油、红花籽油、米糠油、大豆油配制而成，其亚油酸和维生素 E 含量都高，是比例均衡的营养健康油，对高血压、冠心病患者以及患脂肪酸缺乏症者有益。

(3)煎炸调和油　利用氢化油和经全精炼的棉籽油、菜籽油、猪油或其他油脂调配成脂肪酸，可组成平衡、起酥性能好、烟点高的煎炸油。

2. 调和油加工工艺

(1)调和油的原料　调和精炼油的原料油主要是高级烹调油或色拉油，并使用一些具有特殊营养功能的一级油，如玉米胚油、红花籽油、浓香花生油等。而调和高级烹调油和调和色拉油的原料油则全部是高级烹调油或色拉油。

(2)调和油的配方原则　各种油脂的调配比例主要是根据单一油脂的脂肪酸组成，调配成不同营养功效的调和油，以满足不同人群的需要。在满足一定营养功效的前提下，尽量采用当地丰富的、价廉的油脂资源，以提高经济效益。此外，调和油中常加入少量的抗氧化剂及其他添加剂，均应符合《食品添加剂使用卫生标准》的要求。

(3)操作要点　调和油的技术含量主要在于配方，加工较简便，不需增添特殊设备。在一般的全精炼油车间均可调制。调制风味调和油时,先计量全精炼的油脂,将其在搅拌的情况下升温到 35℃～40℃,按比例加入浓香味的油脂或其他油脂,继续搅拌 30 分钟,即可储藏或包装。如要调制高亚油酸营养油,则需在常温下进行调和,并加入一定量的维生素 E。如要调制饱和程度较高的煎炸油,则调和时温度要高些,一般为 50℃～60℃,最好再按规定加入一定量的抗氧化剂。

(4)粉末调味油加工

①调配乳化剂。可用甘油酯、山梨糖脂、蔗糖酯、丙二醇酯和磷脂等作乳化剂。其中,甘油酯的用量为 1％～2％,碳水化合物可用阿拉伯胶等天然胶质、糊精和玉米淀粉等,单独使用或混合使用均可,用量为 9％～29％。用量低于 9％,会使蛋白质量相对增多,调味油的风味不易散发;用量超过 29％,粉末调味油易加热褐变,而且会浸油,降低粉末油脂的流动性。在调制水包油型乳化液时,为提高蛋白质的分散性,需使用磷酸钠或六偏磷酸钠。用量为 0.3％～0.7％,蛋白质用量为 1％～6％。

②将乳化剂溶解于调味油中,得到油相,同时将蛋白质、碳水化合物、六偏磷酸钠添加到水中,使之溶解。再向水溶液中添加油相,不断搅拌进行预乳化,然后用高压均质进行均质化处理,得到水包油型调味油乳化液。将乳化液喷雾干燥,得到粉末调味油。喷雾干燥可使用喷嘴式喷雾机或圆盘式喷雾机。用喷雾器向 200℃的热风中喷出乳化液,蒸发掉水分,得到粉末调味油。

第十章 粮油加工产品的营销

第一节 粮油加工产品的市场定位

一、油料产品的市场需求

1. 世界油料产品市场需求

油料产品是一种人们日常生活中必需的产品,其需求价格弹性、收入弹性相对较小,即虽然油料产品价格下降,人们对它的需求也不会有很大的变化,同样,即使人们收入有了很大的提高,人们对食用油、大豆制品、花生制品这些食品的需求也不会有很大的变化。这是因为人们对油料产品的消费量有限决定的。

(1)影响需求的因素

①消费者偏好。例如,美国的消费者喜爱食用大豆油,而中国长江流域地区的消费者则更偏好菜籽油。这种偏好会直接反映在市场上某种油料产品的销售业绩。

②相关商品价格。例如大豆和油菜子价格不同时,人们的消费选择是考虑如果两种商品的效用是相同的,就会以最小代价获得同样的效用,即当大豆价格上涨时,人们会选择更多的油菜子来满足自己的需要。

③市场的大小。人口这种非价格因素对油料产品需求的影响在于人口增加,油料产品的需求增大。

④在宏观上,需要考虑的不确定因素实在太多,如市场壁垒、

运输技术的限制、信息不对称等。

(2)大豆需求变化　油料产品的需求可从它的多种用途方面进行分析。现以大豆为例,大豆需求变化见表10-1。

表10-1　大豆需求变化

（单位：万吨）

年份	生产	进口	库存变化	出口	饲料	种子	加工	废料	食物
2000	161422	48715	−209	47666	5768	5569	130989	4138	15268
1990	108451	26314	−2090	25910	3593	5723	86933	36617	8898
1980	81038	26972	5811	26886	1235	3452	73259	1997	6990
1970	43696	12244	3040	12658	602	2424	35400	1687	6210
1961	26882	4073	−1922	4167	362	2091	16869	1120	4423

注：资料来源FAO农业统计数据库。

①大豆是一种特殊的油料作物,它不仅可以用来提炼食用油,同时它也可以用来加工食品。就2000年情况来看,大豆榨油和加工量占到大豆总供应量的81%,食用约占大豆供应量的9.5%。

②世界市场对大豆的需求是逐年增长的,而且主要的用途是用于加工提炼食用油。

③世界市场对大豆的需求总体上看还是供不应求,只能从历年的库存中调用大豆。

④随着人们生活水平的提高,人们对大豆需求的目的有了巨大的变化。1961～2000年,大豆作为饲料利用方式的数量年均增长138.62万吨。同时,随着科技的发展让人们发现了大豆新兴的利用方法,如大豆浓缩蛋白、大豆分离蛋白、大豆组织蛋白等。这些新技术的出现引发了大豆新的消费热点。2000年,这方面的利用数量突增到530万吨。

⑤世界油料产品生产整体上是充足的,世界油料作物交易量有很大的增长,且进口交易量略大于出口交易量。1961年世界油

料产品进口量分别为 1610.1 万吨和 1650.5 万吨,到 2000 年进口分别达到了 7266.3 万吨和 7203.5 万吨,分别增长了 4.5 倍和 4.4 倍。

2. 中国油料产品市场供给与需求分析

我国油料产品主要分为三大类,即食品类、油脂类和饼粕类。花生、芝麻、向日葵和大豆都是食品类加工的重要原料,直接作为食品或加工类食品的比重较大。如各类豆制品和各种以花生、芝麻、向日葵为原料加工的休闲食品,消费面广、量大;油脂加工是油料消费的大头,由于近几年资本的投入和市场的需要,油脂加工企业增加,基本上各个地区都有一个或多个油料加工厂,导致油料加工规模扩大,加工能力严重过剩,原料需求旺盛。随着我国人民生活水平的提高、餐饮业的兴旺和食品加工业的发展,人们对植物油的需求也不断增加。油籽饼粕是重要的蛋白饲料原料。随着养殖业的发展,肉骨粉等动物类蛋白饲料需求下降,油籽饼粕特别是大豆粕需求量急剧增加。中国油料产品市场供给与需求特点是:

(1)进口量大　我国三种主油料产品中除花生有出口外,大豆和油菜都需要大量进口才能满足国内需要。2000 年,大豆进口量达到 1277.6 万吨,油菜进口量为 297.3 万吨。

(2)库存量减　我国油料库存量呈减少趋势。2000 年库存减少 125 万吨。

(3)利用方式有别　从三种主要油料产品的利用方式来看,大豆主要是用于榨油和食用。大豆的饲料利用方式、加工榨油方式、食物利用方式分别占其国内供应量的 5.6%、55.1%、33.6%;花生的加工榨油利用方式和食物利用方式的比例是 1.1:1,即两种利用方式的使用量基本相等;油菜的最大利用方式是榨油,占到该种作物国内供应量的 77.7%。

(4)精深加工率低　我国油料产品精深加工还与世界有很大

差距,用于深加工的油料产品使用量很少。

二、粮食产品的市场需求

新中国成立以来,我国稻谷的消费量一直保持着较快的增长速度。1997 年以后,我国的稻谷总消费量增长减缓,1997～1999年的三年里,年增长率仅为 0.5%。小麦作为主要的粮食产品,其需求受人口数量、经济发展、小麦生产情况、城乡居民的收入水平、消费习惯、饮食偏好等多方面因素的影响。玉米是一种重要的粮、饲、经兼用产品。在玉米消费中,饲料消费、口粮和工业消费占有突出地位。我国主要粮食消费结构比例见表 10-2。

表 10-2 我国主要粮食消费结构比例

(%)

项 目	1999 年			2000 年			2002 年		
	稻谷	小麦	玉米	稻谷	小麦	玉米	稻谷	小麦	玉米
食用消费	86.03	87.42	15.42	85.49	87.79	13.90	85.25	87.94	13.48
种子用量	1.19	5.14	1.07	1.14	4.95	0.88	1.13	4.00	0.92
饲料消费	3.88	—	66.49	4.34	—	63.38	5.78	1.03	64.62
工业消费	1.07	1.24	8.30	1.14	1.36	8.39	1.31	1.89	9.79
其 他	7.83	6.20	8.72	7.89	5.90	13.45	6.53	5.14	11.19

(1)稻谷 食用消费稳中有降,从 86.03% 降到 85.25%;种子用量稳定;饲料消费和工业消费都有所增长,且饲料消费增长较快,从 3.88% 升到 5.78%。

(2)小麦 食用消费稳定;种子用量有所减少;饲料消费从无到 2002 年占 1.03%;工业消费增长速度加快,从 1.07% 升到1.89%,年均增长率为 25.5%。

(3)玉米 食用消费呈递减趋势;种子用量、饲料消费呈波动状态;工业用量正逐年增长,1999 年占 8.30%,2002 年增长到9.79%。

三、粮油加工产品的市场预测

市场预测就是在调查研究的基础上,收集各种市场信息资料,运用科学的方法,对未来市场商品供需的发展变化趋势做出分析和判断,为生产和经营决策提供依据。市场预测是社会化大生产及商品经济的客观要求。食品生产者、经营者要出售自己的商品,实现商品的价值,就必须了解市场的状况和发展趋势。据记载,早在古希腊,有个哲学家叫塞利斯,很注意市场预测。有一年,他根据天气情况预测到油橄榄会大丰收,可人家对他的预测都不相信,塞利斯于是把榨油机都买下来。结果这年油橄榄果真获得大丰收,第二年,塞利斯以高价出租榨油机,赚了不少钱。他说他这样做主要不是为了赚钱,而是借此惩罚那些不相信市场预测的人。

随着我国市场规模日益扩大,如果不进行市场预测,就不可能了解市场供需变化的情况,就不能及时调节市场供需矛盾,使生产和经营处于盲目状态。所以,搞好市场预测是市场经济发展的客观要求,它在国民经济工作中起着重要的作用。

1. 预测社会商品购买力的变化

(1)社会集团的购买力 社会集团可用于生产或工作上资金的数量变化会影响它们对商品的需求。例如,粮油加工企业由于可用于生产的资金数量的增加,使它们决定加快扩大再生产的步伐,于是大量收购粮油,从而导致原料需求量增加。社会集团购买力一方面取决于它们拥有资金的数量,另一方面还取决于国家政策对使用资金的控制程度。

(2)城乡居民的购买力 居民购买力的变化,直接影响他们对消费品需求的数量。城乡居民的购买力取决于国家提高人民生活水平的规划,居民的货币收入实际水平和购买性支出所占的比重,以及储蓄习惯和储蓄的使用方向,都是确定他们购买力的重要因素。

(3)购买力的转移 购买力的转移是影响局部地区或部门产品市场需求变化不可忽视的因素。如随着企业普遍采用择优进货方式和国家对生产资料的放开，许多食品加工企业到外省甚至外国采购食品原料，从而使它们的购买力从一些地区转移到另一些地区。这种转向，会随着生产企业的供货质量和数量的变化而变化。

2. 预测产品销售领域的变化

(1)消费者构成的变化 当人们发现玉米油具有独特的保健功能，一些国家和地区从食用大豆油、油菜子油转为食用玉米油。这就是由于消费者构成发生变化而导致市场需求发生变化。

(2)市场区域的变化 在竞争中，企业产品市场区域是扩大还是缩小，主要取决于产品的竞争能力，即质量、价格、产品的信誉及企业的推销能力。加强产品的宣传工作，扩大宣传的范围，对扩大产品市场区域是较为有效的手段，尤其是对消费者还不熟悉的新产品，或产品未进入的新市场，宣传的效果更为明显。

(3)试销到普及的变化 当新产品刚投放市场或产品进入新地区市场时，由于它的"新"消费者对它不熟悉，大多数消费者会采取"观望"的态度，但总有少数消费者会采取试一试的行动，一旦发现该产品的优越性之后，消费数量就会增加，使产品销售从试销进入普及阶段，从而增大需求量。

3. 预测社会消费结构和消费者消费倾向的变化

社会消费结构的变化，即社会购买力投向的比例变化。如由于生活水平的提高，人民的吃、穿消费比例变化而引起了市场消费品需求的变化等。

消费者消费倾向的变化直接影响企业产品的生产。例如，随着人民物质和文化生活水平的提高，人们在选择食品时，已从数量型向质量型转变，追求营养、天然、健康型食品，注重食品包装和消费时的方便性。影响消费倾向变化的因素还有消费者的兴趣、偏好、社会风气和消费心理的变化等。

4. 预测市场供给状况的变化

确定未来市场上有多少可供消费者消费的产品，主要预测生产企业的数量及生产能力的发挥状况。

5. 预测竞争发展趋势

(1)本企业的竞争力　包括产品的质量、价格、包装，也包括销售服务、推销措施所能收到的竞争效果、企业及产品在消费者的信誉等，同时也要考虑上述各种因素的变化情况。

(2)竞争企业的竞争能力　包括竞争企业数量与产量的变化。另外，国家或有关部门组织的产品评比活动对竞争的发展趋势会有举足轻重的影响。在评比中获奖或名列前茅的产品无疑会在竞争中处于优势。

6. 意外事件的影响

意外事件是指有关经济领导部门或企业在制定市场决策、计划过程中不可考虑到或难以想到的事件。这些事件的发生会打乱正常的经济秩序，使市场的发展脱离原来所预测的轨道。能影响宏观市场的意外事件主要是国际事件和天灾人祸，当然还有国家和各级政府政策和法令的变动，主要原料能源供应部门或主体消费者发生偶然变动等。

四、粮油加工产品的市场定位

产品的市场定位就是使本企业的产品即品牌具有一定的特色，塑造产品在顾客心目中的形象和位置，在目标市场上与竞争产品有所区别。市场定位的实质就在于树立目标市场上的竞争优势，确定产品在目标顾客心目中的适当位置并留下值得购买的印象，以便吸引更多的顾客。到了 21 世纪，我国人民的生活水平确实有了很大的提高，人们的需求也确实越来越个性化了，但人们对于大宗粮油产品的需求并不像对许多其他产品那样要求甚多,甚至已经到了苛求的地步。相反,人们对于大宗粮油产品的要求极为平常,也极为稳定,如质量好、无污染、有营养、口感好等。

1. 市场定位依据

①以产品质量、价格或服务定位,强调与众不同的质量、价格、服务等。

②以使用者类型定位。

③以使用场合或特殊功能定位。

④以区别竞争者的不同属性定位。

2. 市场定位的步骤

(1)了解目标顾客的需求和爱好,确认潜在的竞争优势 要了解目标顾客对于产品的实物属性和心理方面的要求,以及重视程度,以确认竞争优势、进行市场定位。

①价格。要求企业在同等条件下,定出比竞争者更低的价格。

②特色。企业能够提供满足顾客特定需要的特色产品。

(2)研究竞争者的产品,选择本企业产品的定位策略 分析研究竞争者产品的属性、特色和市场满足程度,从中发现和找出市场机会,选择自身优势,制定出本企业产品的市场定位策略。

(3)有效、准确地向市场传递定位信息 在确立了企业的市场定位后,还必须大力开展广告宣传,把企业的定位信息准确地传递给潜在购买者。要避免因宣传不当使公众产生误解,如传递给公众定位过高或过低、定位含混不清等。

3. 市场定位策略

(1)填补市场空位策略 企业将产品定位在目标市场空白处,不与目标市场上的竞争者进行直接对抗的策略。在目标市场的空隙或空白领域开拓新的市场,生产销售该目标市场没有的某

种特色产品,填补市场空白,以便更好地发挥企业的竞争优势,获取经济效益。

(2)与竞争者对峙和并存策略　将本企业的产品位置定在现有某一竞争者产品的附近,与之争夺市场份额。该策略对一些实力不太雄厚的中小企业比较适用,但是企业采取该策略的前提是市场需求的潜力很大,有未被满足的需求,企业本身的产品还要有特色,能立足于该目标市场。

(3)取代竞争者策略　要求企业要提供比竞争者更好的产品,并要做大量的推广宣传工作。

第二节　粮油加工产品的营销策略

一、产品营销策略

产品是提供给市场的、用来消费或使用,以满足人们某种欲望和需求的东西。它或是实物(如面包),或是一种服务(如饮食),或是一种观念(如保护环境)等。

产品营销策略是市场营销的首要策略。企业实施绿色营销必须以绿色产品为载体,为社会和消费者提供满足绿色需求的绿色产品。

目前,我国粮油食品加工业的管理水平还比较落后,市场上粮油产品的种类千变万化,但与此同时也出现了大量的掺假食品。如市场出现有掺加化肥的有毒月饼、毒大米,以及用这类大米加工制成的膨化食品等,变质豆奶、过量添加增白剂的馒头(花卷)、掺加吊白块的龙口粉丝、腐竹,含石炭酸的米粉等一系列产品。这些掺假粮油食品的存在严重地威胁了广大消费者的健康。虽然这几年我国食品卫生安全工作已取得明显的进步,但食品生产和供给中还存在着食品制成品的合格率不高、食物中毒和发生食源性疾病的问题。食品安全性是企业竞争力之一。我国要保证食品安全并参与到国际竞争，应建立相应的质量管理体系，如HACCP、ISO9001等质量管理体系。

(1)生产好产品，提高竞争力

①若没有产品质量作基础，销售工作是很被动的，也是很难开展的。除了对产品质量的严格要求之外，还应当结合消费者的实际要求和成本来考虑，同时，要关注竞争对手的质量，只有产品质量比竞争对手更好，才能在竞争中取胜。此外，还要牢记产品质量必须稳定如一，质量下滑是企业由盛转衰的一个重要原因。产品质量好坏是产品能否畅销的基本条件。因此，企业要牢记产品质量一定要胜过竞争对手，产品质量一定要稳定如一。这样才能提高产品的市场占有率。

②注重产品包装。当前的消费者在消费行为上越来越个性化，越来越注重包装的美学效能，在质量、价格趋同条件下，人们的购物选择方向可能会转向包装。包装设计要经常变化，给消费者常用常新的感觉。另外，若该产品是符合健康标准的产品、环保的产品，或为高科技、高性能、多功能的产品，就更受欢迎！

(2)产品多型号，科学定价满足不同消费群体的需要 根据产品的实际情况采取相应的价格策略，并且有计划、有步骤地推行价格战略，同时要科学定价，适合不同的消费群体需求，保证产品的稳定消费。同时要采取灵活的价格调节。产品价格是产品畅销的"杀手锏"。由于消费者选择余地很大，而且当前同质类型的普遍存在，加之购买力有限，因而在所有营销工具中，最常用也最有用的就是产品的价格。其实，价格问题的实质就是成本问题，只有成本有优势，价格才会有优势。因而，要想营造价格优势，就必须抓成本工作，即建立成本意识和成本分析管理制度，依靠科学技术进步降低成本，通过实现生产规模化经营来达到生产成本降低的目的。

(3)建立高端品牌,对产品线进行规划　在企业产品线规划过程中,一般将产品分成四类,一类是形象产品或者明星产品;第二类是利润产品,这是公司利润的保障;第三类是常规产品,这类产品满足了公司在规模上和市场占有率方面不断扩张的要求,同时也为企业稳健发展提供了充实的现金流;最后一类是战斗产品,是企业在战场上的尖刀班,专门与竞争对手抗衡的武器。要建立高端品牌,需要将公司的利润产品尽可能转化为常规产品,让明星产品向利润产品转变。因此,要求第一、二类的产品比例应该保持在一个比较合理的水平线上。

二、绿色营销策略

　　(1)绿色营销概念　绿色营销是在绿色消费的驱动下产生的。所谓绿色消费,是指消费者意识到环境恶化已经影响其生活质量及生活方式,要求企业生产、销售对环境影响最小的绿色产品,以减少危害环境的消费。所谓绿色营销,是指企业以环境保护观念作为其经营哲学思想,以绿色文化为其价值观念,以消费者的绿色消费为中心和出发点,力求满足消费者绿色消费需求的营销策略。

　　绿色营销的核心是按照环保与生态原则来选择和确定营销组合的策略,是建立在绿色技术、绿色市场和绿色经济基础上的、对人类的生态关注给予回应的一种经营方式。绿色营销不是一种诱导顾客消费的手段,也不是企业塑造公众形象的"美容法",它是一个导向持续发展、永续经营的过程,其最终目的是在化解环境危机的过程中获得商业机会,在实现企业利润和消费者满意的同时,达成人与自然的和谐相处,共存共荣。

　　目前,西方发达国家对于绿色产品的需求非常广泛,而发展中国家由于资金和消费导向上和消费质量等原因,还无法真正实现对所有消费需求的绿化。以我国粮油加工产品为例,现只有对部分食品绿化,而发达国家已经通过各种途径和手段,包括立法等,来推行和实现全部产品的绿色消费,从而培养了极为广泛的市场需求基础,为绿色营销活动的开展打下了坚实的根基。目前,英国、德国绿色食品的需求完全不能自给,英国每年要进口该食品消费总量的 80%,德国则高达 98%。这表明,绿色产品的市场潜力非常巨大,市场需求非常广泛。

绿色营销只是适应 21 世纪的消费需求而产生的一种新型营销理念,也就是说,绿色营销还不可能脱离原有的营销理论基础。因此,绿色营销模式的制定和方案的选择及相关资源的整合还无法也不能脱离原有的营销理论基础,可以说,绿色营销是在人们追求健康、安全、环保的意识形态下所发展起来的新的营销方式和方法。

经济发达国家的绿色营销发展过程已经基本上形成了绿色需求、绿色研发、绿色生产、绿色产品、绿色价格、绿色市场开发、绿色消费为主线的消费链条。

(2)绿色促销 绿色促销的手段就是绿色沟通。通过绿色沟通,进行绿色消费引导和消费刺激,以期和消费者建立联系,取得相互理解和信任,以引起消费者对绿色粮油加工产品的需求及购买行为。绿色促销手段有很多,但由于绿色粮油加工产品的特殊性,其营销中应以某种促销手段为主,其他手段为辅,不可面面俱到。

①绿色广告。当前最受欢迎且效果明显的是广告,其中效果最好的又是电视广告。特别是公益广告和扶贫广告,对销售边远地区的绿色粮油加工产品可以起到积极作用。媒体所表达的内容以及形式要有利于宣传环境保护、维护生态平衡。

②公共宣传。充分运用公共策略和技巧,开展有效的绿色公关。参与各种展览会、商品交易会或利用"文化搭台,经贸唱戏"的办法推销和扩大绿色粮油产品销售范围。利用体育比赛进行

广告、捐慈善事业、资助希望工程等扩大绿色粮油加工产品的影响。运用知识营销举办粮油产品栽培技术、绿色营销训练班来传播绿色营销知识。举办新闻发布会、开发生态旅游和田园旅游，也是绿色粮油产品促销的可行办法。

【**实例**】　超大（连城）地瓜干品牌的绿色营销

2002 年,超大现代农业集团在中国地瓜干之乡——福建省连城县创办以加工地瓜干为主的食品加工厂。连城县是地瓜干加工大县,传统加工历史达 100 多年,年产 10 万吨,产值达 5 亿元左右,成为该县支柱产业。但是由于传统技术生产的地瓜干存在"三高一低",即高硫（二氧化硫含量达 1500 毫克/千克左右）、高糖（总糖含量达 60%～70%）、高菌（大肠杆菌等含量严重超国标）、低水分（地瓜干含水分为 16%左右,难咀嚼）,很不适应现代人的"绿色"需求。

据此,超大现代农业集团立项研究,终于生产出低硫（二氧化硫含量＜40 毫克/千克）、低糖（总糖含量＜40%）、低菌（卫生标准达国标）、高水分（水分含量为 20%～25%）的地瓜干,产品通过绿色食品认证。有了"绿色"的地瓜干,就为绿色营销奠定了基础。

该公司绿色营销的特点是研究的焦点突出企业与自然的互动,产品特色突出安全,分销办法突出环保,促销手段突出"绿色",价格定位突出"内平外高"（即国内销售与同类产品价平,销往国外价高）。

同时形成绿色营销网络:一是社区连锁专场网络。该集团在主要大、中城市开设数百家"绿色果蔬专卖店",将地瓜干的绿色营销网络延伸到主要居民社区;二是大型连锁超市网络。"绿色"地瓜干先后进入沃尔玛、好又多、麦德龙、佳华、家乐福、新华都、百佳、万佳等 10 多家大型超市及其连锁店;三是批发市场网络。在沿海各大城市一级批发市场设点批发;四是出口外销网络。由于达到绿色（有机）食品标准,有占总产量 40%左右的产品,顺利打入日本、韩国、美国、新加坡、马来西亚等10多个国家,以及港澳台地区。

三、品牌营销策略

品牌是一种名称、标记、符号或设计,或是它们的组合运用,使之同竞争对手的产品和服务区别开来。在产品日趋质化的现代市场,品牌对于企业具有相当重要的意义,好的品牌传达给消费者的是质量(内含品质、服务等)的保证。在营销活动中,品牌包括属性、利益、价值、文化、个性、用户六个层次,它们构成了品牌的实质。历史悠久的品牌更能显示出其独特的文化和个性魅力。

粮油加工产品品牌建设是衡量营销水平的一个重要尺度,也是衡量整个产业发展水平的一个重要标记。没有品牌就不能形成产业规模,没有产业规模就不能带动整个产业进步,就不能很好地抵御市场风险。品牌是能够鲜明反映产品个性特色的符号标记。没有品牌,就无法建立产品信誉,无法体现产品特色,无法树立经营特色,就没有理由让顾客对你放心对你忠诚。

建立品牌的目的是识别产品,重复销售以及销售新产品。产品的品牌化可以给企业带来如下好处:

①企业创立著名品牌,能使产品获得更好的认可,并使分销商易于管理订货。

②著名的品牌可以确立高于平均水平的价格。

③受法律保护,防止别人伪造假冒。

④更容易获得顾客忠诚,使顾客在购买时觉得风险较小。

⑤有助于企业细分市场,使企业在市场上树立良好的形象。

【实例1】 中国名牌产品——金健牌系列精米

湖南金健米业股份有限公司创建于1998年,现拥有15家子公司,从湖南延伸至四川、黑龙江、海南等省,在全国120多个乡镇拥有 180 万亩的生产基地。这个公司创建的金健牌系列精米先后获得"全国用户满意产品"、"全国放心粮油加工产品"、"国家免检产品"、"中国名牌产品"等称号。金健商标被认定为"中国驰名商标"。

金健品牌创立的重要原因之一是狠抓产品的研发。公司拥有 100 多人的研发队伍,先后承担国家和省级一批重大课题,取得丰硕成果,有 6 项获国家发明专利,多项获国家和省科技进步奖。正是由于有自己的研究成果,经转化的产品能有别于同行业,立于不败之地。再经多方运营,使之形成驰名品牌,成为米业的龙头老大——国家农业产业化优秀龙头企业,是我国粮食加工行业首家上市公司。

【实例2】 金龙鱼——中国食用油市场营销第一品牌

中国嘉里粮油集团是新加坡郭兄弟粮油私人有限公司于 1990 年在中国创立的一家粮油生产企业。首家投产的是南海油脂工业(赤湾)有限公司,随后在防城、成都、西安、营口、天津、上海、青岛、深圳等地创建油脂精炼和小包装油脂 10 多家生产企业。金龙鱼著名品牌应运而生,成为中国食用油市场营销的第一品牌。据北京精准企划 2009 年 6 月在北京对食用油消费市场需求做的专项问卷调查,消费者吃得最多的食用油,金龙鱼居首位,占 45.5%;其次为鲁花,占 28%;福临门居三,占 16.1%。这三种产品的消费共占 89.6%,几乎垄断了食用油市场,而金龙鱼这一品牌占了近一半的市场份额,足见品牌的传播与推广卓有成效。

四、网络营销策略

网络营销是指组织或个人基于开放便捷的互联网络,对产品、服务所做的一系列经营活动,从而达到满足组织或个人需求的全过程。网络营销是一种新型的商业营销模式。粮油加工产品网络营销具有以下竞争优势:

(1)成本费用控制 开展网络营销给企业带来的最直接的竞争优势是企业成本费用的控制。网络营销采取的是新的营销管理模式。它通过互联网改造传统的企业营销管理组织结构与运作模式,并通过整合其他相关部门如生产部门、采购部门,实现企业成本费用最大限度的控制。利用互联网降低管理中交通、通信、人工、财务和办公室租金等成本费用,可最大限度地提高管理效益。许多在网上创办企业也正是因为网上企业的管理成本比较低廉,才有可能独自创业和寻求发展机会。

(2)创造市场机会 互联网上没有时间和空间的限制,它的触角可以延伸到世界每一个地方。利用互联网从事市场营销活动可以远及过去靠人工进行销售或者传统销售所不能达到的市场。网络营销可以为企业创造更多新的市场机会。

(3)让顾客满意 在激烈的市场竞争中,没有比让顾客满意更重要的。企业可以利用互联网将企业中的产品介绍、技术支持和订货情况等信息放到网上,顾客可以随时随地根据自己需求有选择性地了解有关信息。这就克服了在为顾客提供服务时的时间和空间的限制。

(4)满足消费者个性化需求 网络营销是一种以消费者为导向、强调个性化的营销方式;网络营销具有企业和消费者之间的极强的互动性,从根本上提高消费者的满意度;网络营销能满足消费者对购物方便性的需求,省去了去商场购物的距离和时间的消耗,提高消费者的购物效率;网络营销能为企业节约巨额的促销和流通费用,使产品成本和价格的降低成为可能,可以实现以更低的价格购买。但是网络营销需要相应的配送仓储条件进行支撑,不然网络营销就只能是空中楼阁,发挥不了产品流通的实际作用。

对于粮油行业来说,电子商务概念的引入,并进行贸易电子化的尝试是必要的。粮油企业不应把电子商务看成一种神秘的技术,更不要等到一切已经成熟、所有的标准已经到位之后,才考虑采用电子商务解决方案,那样将可能失去大好机遇。电子商务在粮油行业的提出,会在很大程度上促进粮油市场体系的发育,提高我国粮油加工产品流通的市场化程度。中华粮网在粮食行业率先把握了这次难得的机会,在探索和发展电子商务方面为粮食行业开辟了一条成功之路。

【实例】　中华粮网——粮食行业信息化建设的典范

我国粮食流通领域大约有7000家企业,大部分是中小企业,长期以来靠吃大锅饭、政策(补贴)饭,但仍处于亏损状态。推销员到处跑、采购员满天飞,暗箱操作,竞争无序。由于利益驱动,没有解决所有的粮食交易必须在交易市场进行的问题,更没有真正认识网上交易的重要性。

郑州华粮科技股份有限公司(中华粮网)成立于1995年,由中国储备粮管理总公司控股,注册资本为166.8亿元。其功能是集粮食交易服务、信息服务、价格发布、企业上网服务等功能于一体的粮食行业综合性专业门户网站。其服务宗旨是"为深化粮食流通体制改革服务,为粮食企业生产经营服务,为粮食流通市场化、国际化服务",被誉为"利用现代信息技术改造传统行业、提升传统服务的成功典范"。

经过多年的发展,中华粮网信息服务体系在行业内已占据重要的地位。为保证信息数量、质量和权威性,中华粮网建立了既具规模又注重布局与科学管理的专业信息采集网络,成员遍及全国二十多个省、市、自治区和直辖市。目前,中华粮网拥有各类信息栏目二百余个,网站每日发布的文字信息、价格信息、供求信息等一千余条,其中文字信息日平均达20万字,网站点击率平均每天140万次,最高日点击率200万次,取得良好的经济效益和社会效益。

五、出口外销策略

中国是个食品生产和出口大国,也是食品进口和消费大国,在国际食品贸易和促进世界食品市场稳定中,中国起着举足轻重的作用。加入世贸组织后,中国食品产品、食品企业参与国际贸易大循环,国际化生产和国际化经营将成为今后的必由之路。

中国粮食和油料的流通与世界贸易已经建立了紧密的联系,特别是谷物的进出口直接影响着中国人的消费素质和世界谷物贸易的稳定。据国际食品政策研究所最新发表的报告显示,到2020年,世界谷物生产必须比目前增加40%,才能满足届时75亿人口对食品的需求。报告预言,从长远看,世界市场的谷物售价将不可避免地上涨。这份报告指出,在第三世界国家中,中国和东北亚地区各国由于经济发展和人口增加的速度相对较快,其中中国未来20年中对谷物和肉类产品的需求增幅最大,预计全球谷物需求的增幅有25%来自中国。

中国食品生产和消费与世界紧密相关,而中国企业在参与国际食品生产和贸易的大循环中优势并不明显。中国社科院研究员张金昌的一篇文章中指出,与国际大型企业进入中国市场的速度和经验比较,中国企业进入世界市场明显处于劣势,中国大多数企业不仅在国内市场中处于守势,在国际市场中也缺乏比较成功的经验,缺乏从事国际化经营的企业战略,而且中国企业从事国际化经营的体制环境也不优越。他认为,针对中国企业的特征,不论是食品生产企业还是其他企业,可以选择的战略包括努力开拓比中国落后国家的市场,以规模优势和成本优势进入发达国家消费品市场,以劳动力优势拓展国际市场,借工业化之机占领发达国家传统工业品市场等。

在国际谷物营销中,谷物出口主要集中在少数几个发达国家,谷物进口则分散在一百多个国家。美国是世界上最大的谷物出口国。谷物进口国相对来说比较分散,主要集中在亚洲、非洲和美洲。近年来,我国谷物的出口正呈现出上升趋势,尤其是大米和玉米已成为我国主要的出口粮食产品,而常年大量进口的小麦近年来也有所下降。

【实例】 利达品牌面粉畅销海内外

天津利金粮油股份有限公司是国内知名的大型面粉加工生产企业,公司拥有国家实验室认可证书的权威质量保障,遍布全国的营销网络,拥有国际先进的瑞士布勒公司和意大利GBS公司的专用粉生产线和配粉装置,日处理小麦达1800吨。公司现有职工580人,其中,专业技术人员150多人,直接从事产品研发的技术人员55人,分别占职工总数的25%和9.5%。经过几年的发展,公司生产的利达牌面粉已形成了三大系列115个品种规格,以其质量优、品种全、价格适中的优势,畅销三北地区和江南地区并出口到北美、东南亚和澳洲等地。2006年面粉产销达43.8万吨,比2003年的15万吨增长了近3倍。利达面粉2004年荣获"中国名牌产品"称号。

第三节　粮油加工产品的营销渠道

销售渠道是指产品从生产者向消费者流转的通道。在这一通道中,一系列的机构或个人参与商品的交换活动,他们共同构成商品流通的有序环节。可以说,销售渠道是一种完成产品的分配活动的相互作用的有机系统。

一、批发市场

批发是指将产品销售给为了转卖或其他商业用途而进行购买的个人或组织的活动。通过批发市场来实现生产者与零售商的沟通,最终使粮油加工产品到达消费者手中。

(1)特点

①批发市场的规模大,是粮油产品重要的集散地。

②批发市场实行企业化管理,市场的投资主体多元化,市场的经营方针是为粮油产品供应方提供优质服务,尽可能地吸纳更多的粮油产品进入市场。

③中心批发市场的市场主体是实力雄厚的粮油产品供应商或购销企业。

批发市场是我国省际商品粮食流通的主要渠道,也是各类粮食企业经营的主要渠道。1990～2002年,我国相继建立了郑州、九江、芜湖、武汉、长沙、长春、哈尔滨、威海和四川成都八里庄粮食批发市场,基本形成了以中央批发市场为龙头、各级粮食批发市场为中枢、批零分开的粮食流通体制。

(2)优点 该营销渠道的优点是构建营销渠道成本低廉,易于组织产品进入市场,但必须有相应数量的次级批发商、连锁超市、小零售店来与大型批发市场配套。

二、零售市场

零售是指所有向最终消费者直接提供货物和服务,使之用于个人生活消费和非商业性用途的活动。目前,在谷物零售渠道中,经营灵活、适应性强的集体和个体私营企业已成为大米、面粉零售中的主渠道。

订单交易和产销直挂是近年来兴起的一种新型的粮油产品交易方式,是一种终端拉动的模式,也是加工企业增强自身竞争力的需要。

(1)特点

①营销渠道短,产品的流动速度快。粮油加工产品的生产者和终端消费者面对面交易,不存在产品的转手流通。

②交易中,加工企业和餐饮业等大规模采购方处于主动地

位。这是因为粮油产品的供方数量要比需求方数量大得多。

(2)优点　该种营销渠道的优点在于交易成本"内部化"了，粮油产品需求企业通过订单这种形式向生产者传达市场需求信息，把生产者与自己紧密结合起来，他们之间的关系不仅仅是买卖关系，更有合作伙伴的市场风险。所以，订单交易和产销直挂是粮油产品营销中一种"双赢"的交易方式，一方面，需求企业获得多品种、标准化的产品，另一方面，生产者获得较丰厚的利益回报。

三、中介组织和中介个人

中介组织和中介个人营销渠道是由营销中介队伍或个人构成的。

(1)特点

①营销环节相对比较简单，生产者和消费者之间的中间环节只有运销专业户和经纪人。

②营销环节并不稳定，运销专业户和经纪人都以赢利为目标，当市场行情不好时，他们的经营风险加大，可能导致他们退出营销渠道。

③产品营销效率低下，大量的运销户和经纪人队伍相互竞争，直接导致的是低价竞销，使渠道体系遭受重创。

(2)优点　该营销渠道的优点是有利于降低生产者的经营风险，促进商品流通。它的缺点也是明显的，如果不能设法增强这些运销专业户和经纪人队伍的组织化程度，价格混乱，各种不正当交易将充斥整个市场，反而会给粮油加工产品流通带来毁灭性的打击。

参 考 文 献

[1] 李新华,董海洲. 粮油加工学[M]. 北京:中国农业大学出版社,2003.

[2] 土端元,等. 我国粮油加工业发展战略研究[J]. 现代面粉工业,2009,23(1):1-9.

[3] 中国农业年鉴编辑委员会. 中国农业年鉴[M]. 北京:中国农业出版社,2007.

[4] 施能浦主编. 甘薯绿色栽培与地瓜干加工新技术[M]. 福州:福建科技出版社,2009.

[5] 黄丽萍,等. 浅述大豆制品[J]. 粮食加工,2008,33(4):36-38.

[6] 宋德贵,等. 利用豆渣黄浆水发酵生产核黄素的研究[J]. 广西工学院学报,2005,16(4):73-76.

[7] 范远景,等. 大豆皂苷的提取和纯汁工艺研究[J]. 安徽农业科学,2007,35(35):11354-11355,11367.

[8] 田颖. 大豆低聚糖研究进展[J]. 饮料工业,2008,11(7):3-6.

[9] 钟振声,等. 以大豆皮为原料酶法制备水溶性膳食纤维工艺研究[J]. 中国油脂,2008,33(4):60-62.

[10] 魏福华. 大豆异黄酮的研究概况[J]. 扬州大学烹饪学校,2006(3):62-64.

[11] 戚桂军,等. 玉米加工及利用新途径[J]. 食品科技,2000(1):14-15.

[12] 秦卫国,等.玉米油精炼的工艺实践[J].粮食与食品工业,2006(6):1-5.

[13] 宋光明.甘薯淀粉的生产现状与工艺[J].淀粉与淀粉糖,2003(3):14-17.

[14] 许力,等.马铃薯淀粉的提取工艺及其影响因素[J].辽宁化工,2006,35(12):698-699.

[15] 李明,等.我国木薯淀粉加工技术与设备的现状及发展对策[J].农业机械,2008(5):63-65.

[16] 李崇元.农产品营销学[M].北京:高等教育出版社,2004.